当代苹果

汪景彦　丛佩华　主编

中原农民出版社
·郑州·

主　　编　汪景彦　丛佩华

副 主 编　程存刚　康国栋　周宗山

参编人员　（排名不分先后）

王金政　王　昆　仇贵生　厉恩茂　闫文涛
伊　凯　孙云才　吴玉星　过国南　汪　洋
沈贵银　钦少华　李丙智　李天忠　李　壮
李　敏　宋来庆　张代胜　张彦昌　迟福梅
杨良杰　赵德英　胡荣娟　姜淑苓　袁继存
郭玉蓉　徐　锴　隋秀奇　曹克强　裴宏洲

图书在版编目（CIP）数据

当代苹果/汪景彦，丛佩华主编．—郑州：中原农民出版社，2013.11

ISBN 978-7-5542-0393-4

Ⅰ.①当… Ⅱ.①汪… ②丛… Ⅲ.①苹果-果树园艺 Ⅳ.①S661.1

中国版本图书馆 CIP 数据核字（2013）第 116769

出版社：中原农民出版社

（地址：郑州市经五路 66 号　　电话：0371- 65751257

邮政编码：450002）

出版社投稿信箱：Djj65388962@163.com

策划编辑电话：13937196613

发行单位：全国新华书店

承印单位：河南省瑞光印务股份有限公司

开本：787mm×1092mm　　1/16

印张：21

字数：460 千字

版次：2013 年 11 月第 1 版　　**印次**：2013 年 11 月第 1 次印刷

书号：ISBN 978-7-5542-0393-4　　**定价**：99.00 元

主编简介

汪景彦

辽宁省沈阳市人，1955年考入北京俄语学院留苏预备部，1956年在北京农业大学（现中国农业大学）园艺系果树专业学习。1961年春毕业，被分配到中国农业科学院果树研究所栽培室工作。1970~1978年调到陕西省果树研究所工作，1978~1995年返回中国农业科学院果树研究所工作，历任栽培室副主任、主任等职。1994年创办《果树实用技术与信息》杂志并任首任主编。1990~1994年受聘为农业部果树顾问，1993年晋级研究员，1995年10月退休。1965~1990年工作期间长期在基层蹲点，20世纪80年代以来先后为数十个单位做过技术指导或顾问。

1978年4月获陕西省科学大会先进个人奖；主持的《乔砧苹果密植丰产》项目获陕西省科学大会奖，1980年获陕西省科技成果三等奖；1987年，主持的《旱塬坡地苹果密植试验》获陕西省宝鸡市科技进步一等奖；1991年，主持的《新红星苹果技术开发研究》获农业部科技进步三等奖；1992年获"80年代以来科普编创成绩突出的农林科普作家"称号；1993年开始享受国务院国家特殊津贴；2006年获河南省灵宝市科技合作奖；2007年获河南省三门峡市科技合作奖；2008年获辽宁省葫芦岛市"服务新农村建设优秀老科技工作者"和"标兵专家"称号；2011年获辽宁省"金桥奖"；2013年获葫芦岛市"特殊贡献科技工作者"称号。

在科普天地勤奋笔耕，已发表专业论文160篇，译文200余篇；主编、编著、参编科技著作78部，总字数1 800余万字，发行量300余万册。多部著作、论文获奖，颇受果农欢迎。

主编简介

丛佩华

丛佩华，果树学博士。国家苹果育种中心主任，全国苹果育种协作组组长，中国农业科学院果树研究所副所长、研究员、博士研究生导师，中国园艺学会理事，中国园艺学会苹果分会理事，全国植物新品种测试标准化技术委员会委员，国家实验室双认证委员会评审员。

"十五"以来主持国家"863"、"优质多抗蔬菜和果树分子育种技术与品种创制"，国家科技攻关（支撑）"高产优质苹果、梨新品种选育"等和部（省）级科研项目近20项；主持并参与国家标准与国家农业行业标准《植物新品种DUS测试指南苹果》、《无公害食品苹果生产技术规程》、《加工用苹果》、《苹果苗木繁育技术规程》等14项标准的制定。获中国农业科学院科学技术成果一等奖2项，二等奖1项；获辽宁省科技进步三等奖1项；获神农中华农业科技成果三等奖1项；获辽宁省科技成果转化三等奖1项；获葫芦岛市科学技术成果一等奖1项。培育出华红、华金等苹果新品种6个，早金香、中矮2号等梨及梨矮化中间砧新品种3个。

主编和参编大学教材及科技著作10余部，发表论文40余篇。

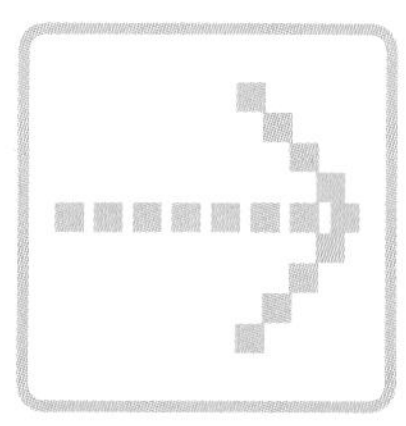

序言

PREFACE

苹果是世界四大水果之一，其总产量在柑橘、香蕉和葡萄之后，居第四位。全世界有93个国家和地区生产苹果。世界苹果生产面积在5 000khm^{2}左右，产量在65 000kt上下。2010年我国苹果种植面积2 139.9khm^2，产量33 263.3kt，分别占世界总量的40%和50%，我国苹果对世界苹果增产贡献率达105.3%，对世界出口增长贡献率达58.7%；我国年消费苹果20 000kt左右，对世界苹果消费增长贡献率达84.1%。我国是世界苹果生产、出口、消费大国，但不是强国，与先进国家比，在果园基础建设、矮砧应用、机械化、有机果品生产等方面还有诸多差距。

2000年以来，国内外苹果业蓬勃发展，新品种层出不穷，栽培技术不断更新，苹果总产、单产稳定增长，质量明显提高，加工、储藏业也有长足进步，这些新技术、新品种、新装备、新经验值得总结、学习和普及，以推动果业可持续发展。

为了追赶世界先进水平，进一步提高我国苹果园劳动生产率和产品国际竞争力，近年我国组织多批专家、学者出国考察、访问、合作研究，搜集了许多优新品种，掌握了一些新技术、新经验，看到了许多新装备，其中许多是可以引进、消化、吸收的，并拍摄了大量照片。为了进一步挖掘资源，将沉睡于考察者电脑中的可贵资料调动出来，我们集诸位专家的智慧，编成此书，让苹果业界人士共享，这应该是一件值得庆幸的事，愿它成为推动我国苹果业迅猛发展的助推器。本书具有五大特点：

第一，重点突出。这不是一本系统教科书，而是着重介绍某个环节、领域的先进技术，重点概括，节约篇幅。

第二，内容新颖。对国内外当前栽培面积大、应用前景好的苹果新品种，先进的栽培技术，植保技术，机械装备，防灾减灾设施，加工、储藏设备等均有介绍，让人阅后耳目一新。

第三，实用性强。本书介绍的应用技术及机械装备可直接用于现实生产中。如采用小冠树形和简化省工修剪法，可使修剪速度提高 2~3 倍；采用果园机械化，可使劳动生产效率提高几倍至十几倍。传播与推广这些新技术、新机械，对我国出现的果园劳动力紧张和工价上涨现象，是最好的解决办法或途径。

第四，新图片多。全书插入精美图片 400 余幅，大部分是未经公开发表的，实用、新颖、可靠，提高了本书的档次和可读性，让人爱不释手。

第五，范围广。内容涉及面广，从品种、育苗到建园，从栽培到植保，从产前到产后，从提高劳动者素质到专业合作社生产经营，从国内到国外，让你一览无余，美不胜收，大开眼界。

本书可供农业院校师生、果树科技人员、农资经销商、苹果生产合作社、苹果生产专业户和果树爱好者参考与学习。

由于作者业务繁忙，搜集和编辑资料均在业余时间完成，加之水平有限，本书必有诸多需要进一步补充、完善之处，敬请同行与读者不吝赐教。

中国农业科学院果树研究所　研究员　汪景彦

2013 年元旦

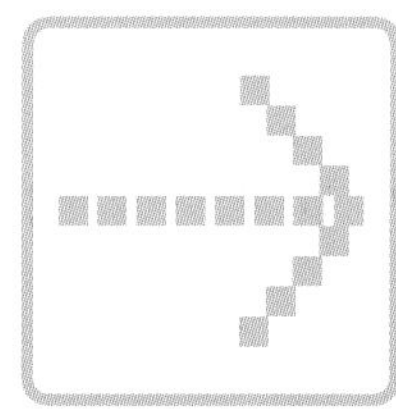

目录

CONTENTS

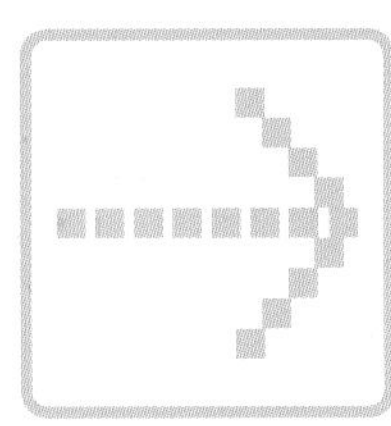

目录

CONTENTS

第三章　苹果生产新技术

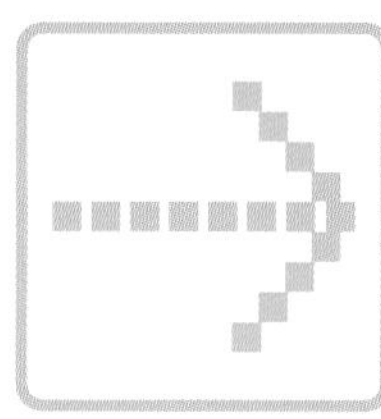

目 录

CONTENTS

第一章 苹果生产概况

第一节 世界苹果主产国的产量与栽培面积

苹果是世界最重要的水果之一，据联合国粮农组织统计，2010 年全世界苹果栽培面积和产量分别达到 5 000khm^2 和 65 000kt。

1961 年至 1995 年世界苹果栽培总面积呈现波动式上升趋势，1995 年世界苹果栽培总面积达到最高峰，为 6 331.23khm^2，之后，世界苹果栽培总面积不断下滑，至 2002 年降至 4 882.62khm^2，比 1995 年下降了 22.88%；2002 年后栽培面积基本趋于稳定，维持在 4 760~4 922khm^2 。世界苹果总产量在波动中稳步上升，1996~2003 年世界苹果总产量保持相对稳定，维持在 56 180~59 040kt；2004 年至今，产量平稳上升，2010 年世界苹果总产量达到 69 567.53kt，比 1996 年增长了 23.83%，如图 1-1 所示。

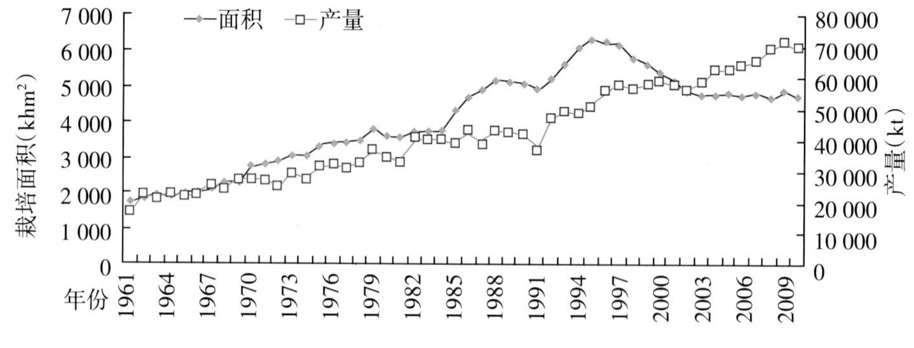

图 1-1 世界苹果面积与产量消长情况

1994~2010 年，世界苹果单产呈上升趋势。联合国粮农组织的统计数据显示：1994 年世界苹果单产为 7.89t/hm^2，2010 年达到 14.71t/hm^2，比 1994 年增长了 86.44%，如图 1-2 所示。

世界苹果主产区主要集中在亚洲、欧洲和美洲，三个主产区占世界苹果栽培总面积的 96.48%，总产量的 96.19%。其中亚洲 2010 年栽培面积为 3 150.82khm^2，占世界栽培总面积的 66.61%；产量为 44 438.87kt，占世界总产量的 63.88%。欧洲 2010 年栽培面积为 1 053.20khm^2，占世界栽培总面积的 22.26%；产量为 13 715.67 kt，占世界总产量的 19.72%。美洲 2010 年栽培面积为 351.86khm^2，占世界栽培总面积的 7.44%；产量为 8 618.62kt，占世界总产量的 12.39%。

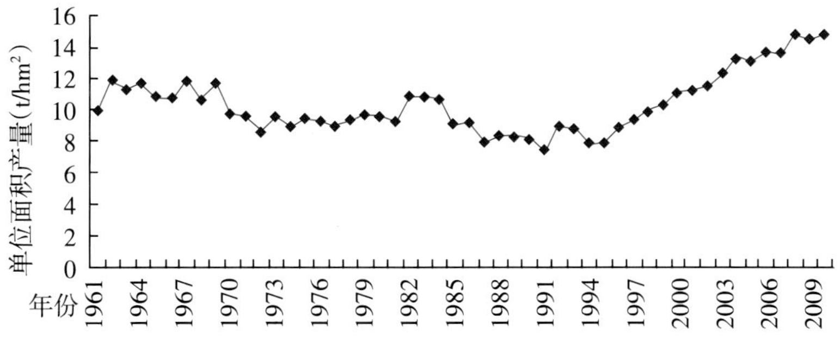

图 1-2　世界苹果单位面积产量消长情况

1999 年全世界共有 93 个国家和地区生产苹果，其中年产量超过 1 000kt 的有 12 个国家，依次为中国、美国、土耳其、意大利、德国、法国、伊朗、波兰、印度、智利、俄罗斯和阿根廷，占世界苹果总产量的 78.71%。奥地利的苹果单位面积产量最高，为 80.25t/hm^2，居世界第一位；其他单位面积产量在 30t/hm^2 以上的国家依次为意大利、巴西、智利和法国。据统计，中国 2010 年苹果单位面积产量为 16.27t/hm^2，居世界第三十位（表 1-1）。

表 1－1　1999～2010 年世界苹果主产国生产情况

国别	1999 年				2010 年			
	栽培面积 (khm^2)	单产 (t/hm^2)	产量		栽培面积 (khm^2)	单产 (t/hm^2)	产量	
			数量 (kt)	比例(%)			数量 (kt)	比例(%)
中国	2 439.87	8.53	20 809.80	35.94	2 044.82	16.27	33 266.90	47.82
美国	186.49	25.86	4 822.63	8.33	139.44	30.21	4 212.30	6.06
土耳其	106.83	23.40	2 500.00	4.32	165.08	15.75	2 600.00	3.74
意大利	63.60	36.85	2 343.80	4.05	57.91	38.08	2 205.00	3.17
印度	231.00	5.97	1 380.00	2.38	305.80	7.07	2 163.40	3.11
波兰	165.24	9.71	1 604.20	2.77	188.25	9.88	1 859.00	2.67
法国	70.04	30.92	2 165.80	3.74	399.50	42.83	1 711.20	2.46
伊朗	144.27	14.81	2 137.00	3.69	130.29	12.76	1 662.40	2.39
巴西	28.56	32.84	937.70	1.62	38.56	33.08	1 275.90	1.83
智利	37.40	31.42	1 175.00	2.03	35.03	31.40	1 100.00	1.58
俄罗斯	420.00	2.52	1 060.00	1.83	186.00	5.30	986.00	1.42
乌克兰	245.50	1.21	296.80	0.51	105.20	8.53	897.00	1.29
阿根廷	45.00	24.80	1 116.00	1.93	43.50	19.55	850.60	1.22
德国	90.40	25.09	2 268.40	3.92	31.82	26.24	835.00	1.20
日本	44.60	20.80	927.70	1.60	38.10	20.95	798.20	1.15
总计与平均	5 595.80	10.35	57 906.90	100	4 730.42	14.71	69 567.50	100

第二节　中国苹果产量与栽培面积

中国是世界第一大苹果生产国，栽培面积和产量均居世界第一位。据联合国粮农组织统计，2010 年苹果栽培面积和产量分别为 2 139.9khm^2 和 33 263.3 kt，分别占世界总面积和总产量的 45.24%和 47.81%。

从 1961 年至 1996 年，我国苹果栽培面积始终处于波动式上升的趋势，1996 年我国苹果的栽培面积达到最高峰，为 2 987.96 khm^2，之后，栽培面积直线下降，2001 年后面积趋于相对稳定，维持在 1 870~2 060 khm^2。1961~1991 年，我国苹果产量处于缓慢增长阶段，产量维持在 5 000 kt 以下。从 1992 年开始，我国苹果产量呈直线上升趋势，如图 1-3 所示。

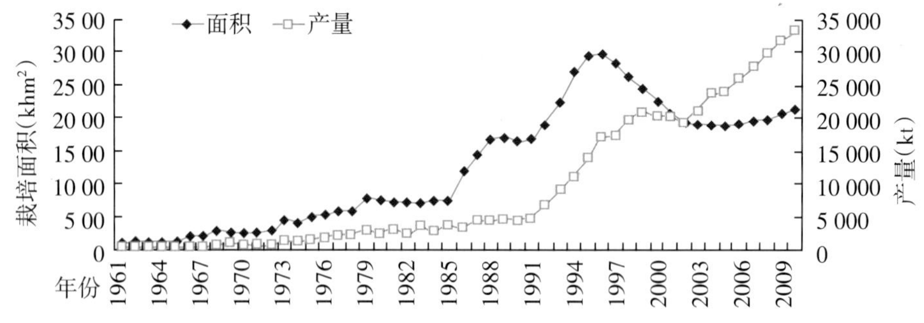

图 1-3　我国苹果栽培面积和产量消长情况

与 2009 年相比，2010 年苹果栽培面积和产量分别增加 56.90 khm^2 和 1 834.20 kt，同比增长了 4.43%和 4.99%(表 1-2)。

表 1－2　2010 年我国苹果栽培面积、产量增长情况

	2010 年	2009 年	2010 年比 2009 年增减	
			增减量	增减百分率(%)
面积(khm^2)	2 139.90	2 049.10	9.08	4.43
产量(kt)	33 263.30	31 680.80	1 582.50	4.99

我国苹果单位面积产量从 1961 年至 1996 年始终维持较低水平，单产 2.5~4.7t/hm^2，从 1996 年开始，苹果单产呈直线上升趋势，2010 年全国平均单产为 16.27t/hm^2，比 2009

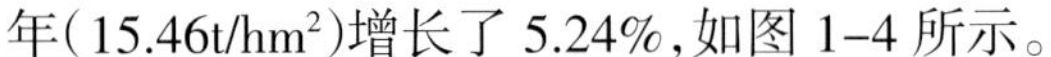

年(15.46t/hm²)增长了 5.24%,如图 1-4 所示。

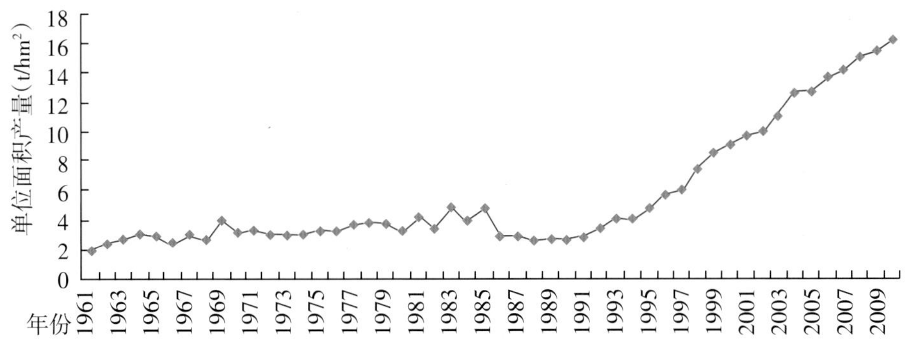

图 1-4　我国苹果单位面积产量消长情况

第三节　中国各苹果产区苹果生产现状

一、中国各苹果产区区域分布、生产及气候特点

中国各苹果产区总体保持渤海湾和黄土高原两大优势区域不变,部分地区做微调。黄土高原优势区域整体规模扩大,向西拓展增加天水及陇南部分地区。渤海湾地区将秦皇岛地区调整为燕山、太行山浅山丘陵区。

1.渤海湾优势区

该区域包括胶东半岛,泰沂山区,辽南及辽西部分地区,燕山、太行山浅山丘陵区,是我国苹果栽培历史最早,产业化水平较高的产区。该区域地理位置优越,品种资源丰富;加工企业规模大、数量多,市场营销和合作组织比较发达,产业化优势明显;科研、推广技术力量雄厚,果农技术水平较高。沿海地区夏季冷凉、秋季长,光照充足,是我国晚熟品种的最大商品生产区,管理水平较高,产量高,出口比例大;泰沂山区生长季节气温较高,有利于中早熟品种提早成熟上市;燕山、太行山浅山丘陵区自然生态条件良好,光热资源充足,是富士苹果集中产区,交通运输方便,市场营销条件优越。

2.黄土高原优势区

黄土高原优势区包括陕西渭北和陕北南部地区、山西晋南和晋中、河南三门峡地区和甘肃的陇东及陇南地区。该区域生态条件优越,海拔高,光照充足,昼夜温差大,土层深厚;生产规模大,集中连片,发展潜力大。该区域跨度大,生产条件和产业化水平差别明显。以陕西渭北为中心的西北黄土高原地区是我国最重要的优质晚熟品种生产基地和绿色、有机苹果生产基地；陇东、陇南及晋中等地区湿度适宜，是我国重要的优质元帅系品种集中产区；核心区周边及低海拔地区是加工苹果的良好生产基地。

二、中国各苹果产区产量、面积现状

我国苹果生产按地域划分主要集中在渤海湾、西北黄土高原、黄河故道和西南冷凉高地四大产区。其中，渤海湾产区是苹果的老产区，果品总产量全国最大；西北黄土高原产区已经成为全国栽培规模最大、有较大发展潜力和产业竞争力的苹果优势产区。按省份划分主要集中在陕西、山东、河北、甘肃、河南、山西和辽宁。七大苹果主产省份苹果栽培面积为 1 841.20 khm^2，占全国苹果栽培面积的 86.04%；产量为 30 040.60 kt，占全国苹果总产量的 90.31%。陕西省为全国栽培面积最大，约 601.5khm^2，占全国的 28.11%；产量最多，约 8 560.10 kt，占全国的 25.73%。山东省栽培面积为 264.6 khm^2，占全国的 12.37%；产量约 7 988.40 kt，占全国的 24.01%。两省合计栽培面积和产量占全国的 40.48%和 49.74%（表 1–3）。

表 1 – 3 2010 年全国及各主产区苹果栽培面积与产量

	全国	陕西	山东	甘肃	河北	河南	山西	辽宁	主产省合计
面积（khm^2）	2 139.90	601.50	264.60	268.60	265.40	177.60	137.60	125.90	1 841.20
比重（%）	100	28.11	12.37	12.55	12.40	8.30	6.43	5.88	86.04
产量（kt）	33 263.30	8 560.10	7 988.40	2 016.60	2 724.6	4 089.60	2 566.50	2 094.70	30 040.50
比重（%）	100	25.73	24.01	6.06	8.19	12.29	7.72	6.30	903.00

2010 年全国平均单产为 16.27t/hm^2，比 2009 年（15.46t/hm^2）增长了 5.24%。山东和河南单产水平较高，其单产分别为 30.19t/hm^2 和 23.03t/hm^2；山西、辽宁、陕西、河北和甘肃的单产分别为 18.65t/hm^2、16.64t/hm^2、14.23t/hm^2、10.27t/hm^2 和 7.51t/hm^2，七个苹果主产省份苹果单产分别为全国苹果单产的 185.56%、141.53%、114.64%、102.26%、87.47%、63.10%和 46.15%（表 1–4）。

表 1 – 4 2010 年全国及各主产区苹果单产（t/hm^2）

全国	山东	河南	山西	辽宁	陕西	河北	甘肃
16.27	30.19	23.03	18.65	16.64	14.23	10.27	7.51
比重（%）	185.56	141.53	114.64	102.26	87.47	63.10	46.15

第四节　中国苹果生产趋势

一、苹果生产形成两大优势区域

我国共有 25 个省(自治区、直辖市)生产苹果,但主要集中在渤海湾及西北黄土高原两大产区。两大产区栽培面积分别占全国总面积的 38.8%和 42.2%,产量分别占全国总产量的 43.4%和 35.4%。

二、苹果生产重心西移北扩

1996~2010 年山东省苹果面积由 640khm^2 迅速下降到 306khm^2。

同一时期甘肃省苹果生产发展很快,近年由不到 200khm^2 发展到 280khm^2,发展势头还在继续。甘肃省平凉市现有面积 67khm^2,2015 年前要发展到 133khm^2;庆阳市现有苹果面积 87khm^2,2015 年要发展到 173khm^2;全省苹果面积将超过 366.7khm^2。

2008 年陕西省苹果面积 500khm^2,规划在延安等地发展山地苹果 133khm^2,到 2015 年发展到 666.70khm^2。陕西苹果过去北沿在延安,主产区域在铜川至洛川,近年有向北延移的趋势。

山西、河南等地近年苹果面积也处于上升趋势。新疆、宁夏等地也在发展苹果产业。

辽宁省沈阳地区寒富苹果呈大面积发展之势，争取在三五年内达到 33 khm^2 的指标。

三、低海拔向较高海拔转移

过去认为黄土高原地区苹果最适栽培区域为海拔 800~1 200m，近年经过淘汰，800m 以下区域苹果园已经较少。

甘肃平凉的静宁、庄浪等地苹果产业主要分布在海拔 1 300~1 500m 区域,年均温仅 8.5~9.5℃,富士苹果可溶性固形物为 14.5%~16.5%,硬度 8~10kg/cm^2 ,可滴定酸含量 0.3%~0.4%。庆阳地区苹果产区海拔也在 1 300~1 500m,年均温仅 9.0~10℃ ,富士苹果可溶性固形物为 14.5%~16.5%,硬度 8~9kg/cm^2 ,可滴定酸含量 0.2%~0.3%。

四川盐源县 15 000hm^2 苹果园，主要集中在海拔 2 300~2 500m 的区域，苹果品质好、产量高。

第五节 中国苹果贸易

近年来,我国苹果出口数量、出口金额及出口平均单价呈稳步增长趋势,如图 1-5 所示。

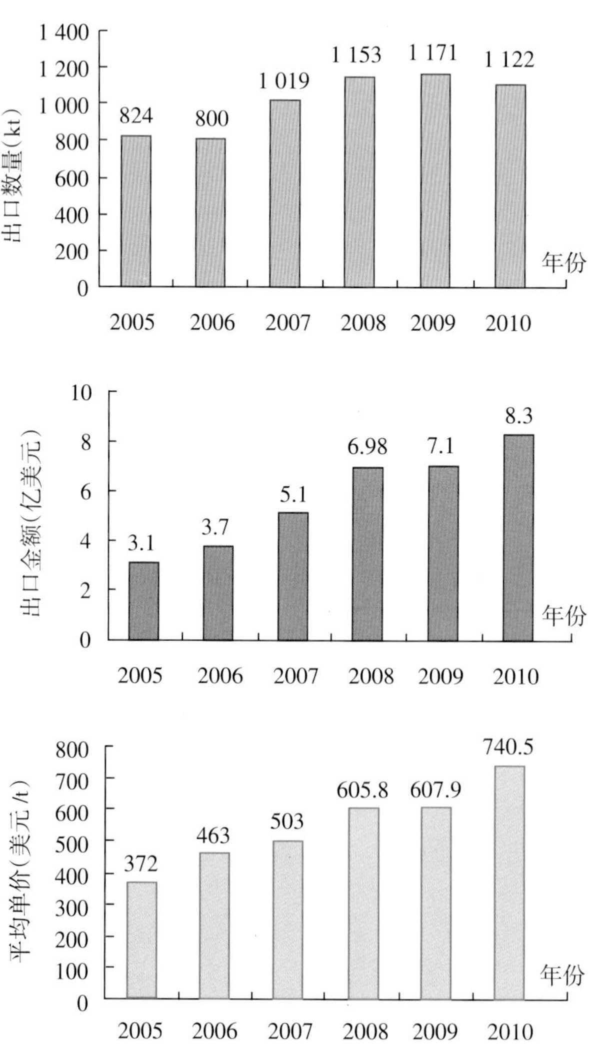

图 1-5 我国苹果出口数量、出口金额及出口平均单价消长情况

第二章　苹果主栽品种

第一节　世界各国选育品种概况

苹果品种是发展苹果产业的核心，世界上苹果生产先进国家都重视拥有自主知识产权的优新品种的开发，并把苹果育种作为一项推动整个产业发展的事业来经营开发，以获取国际市场的垄断地位和竞争优势。在育种方面卓有成效的国家主要有日本、新西兰、澳大利亚、美国、加拿大、法国、德国等，目前新西兰和澳大利亚处于领先地位。

一、日本

日本以品质育种为主，选育出富士、津轻、珊夏等苹果新品种；特别是富士，已成为世界性栽培品种。近年来，日本又推出红王将、红安卡等被各苹果主产国广泛关注的新品种。

二、新西兰

该国也以品质育种为主，近年还增加了特异性品种的选育，育成了在国际市场上具有很强竞争力的嘎拉、布瑞本、太平洋玫瑰等品种，而且又从布瑞本和皇家嘎拉的杂种后代中选出科金、科鲜等新品种；并且最近又选育出红色果肉的苹果新品种。

三、澳大利亚

该国选育出粉红女士、澳洲青苹等，粉红女士已在新西兰、美国、南非、智利等国家申请了品种保护。

四、美国

该国则把注意力集中在品质育种和抗病品种上，先后育出了乔纳金、艾达红、藤牧 1 号等优良鲜食新品种，普利阿玛、普利玛等抗黑星病新品种，及蜜脆、凯蜜欧等抗性强的优良品种。

五、法国

该国以加工品种为主要育种目标，先后育出多个优良加工制汁品种。

六、英国

英国品质育种与矮化育种兼顾，育出发现等优良新品种和舞乐等适于高度密植、鲜食、制汁兼用的芭蕾苹果系列品种及 M 系矮化砧木品种。

七、韩国

韩国可谓苹果育种的后起之秀，近十年间培育出秋光、甘红、华红、红露、曙光等一系列优良品种。

八、中国

我国苹果育种始自 20 世纪 50 年代，迄今已选育出 300 余个栽培品种，仅“十五”期间审定的品种就有 30 个。我国选育的品种在生产中有一定影响的主要有秦冠、华冠、寒富等，秦冠曾一度成为我国西部苹果产区的主栽品种，寒富使我国大苹果的栽培区域向北推移了 200km 以上。

苹果砧木选育成绩也很卓著，曾育出一大批新材料，如 CX3、GM256、SH 系、77-34 与小金海棠等，这些品种和砧木的育成与应用，极大地丰富了我国苹果品种与种质资源。

第二节　品种发展趋势

世界苹果栽培区域广泛，目前保存的品种有7 000多个，生产栽培品种1 000余个，广泛栽培的品种有100多个。富士系、元帅系、金冠系、嘎拉系、澳洲青苹、乔纳金、粉红女士、布瑞本等是世界主要栽培品种，其产量占世界苹果总产的一半以上。近年来，苹果栽培面积扩大最快的品种是富士和嘎拉；增幅最大的新品种是粉红女士、布瑞本等。表2-1为世界苹果品种发展趋势预测（不包括中国）。

表2-1　世界苹果品种发展趋势预测（不包括中国）

品种	2005年（%）	2010年（%）	2015年（%）	2020年（%）	2005年排名	2020年排名
金冠	19.67	18.21	17.89	17.58	2	1
元帅	19.69	17.67	16.91	16.05	1	2
皇家嘎拉	11.31	13.59	14.32	14.89	3	3
富士	5.95	6.96	7.06	7.20	5	4
澳洲青苹	5.99	5.84	5.79	5.63	4	5
爱达红	3.44	3.89	3.80	3.59	6	6
乔纳金	3.20	3.42	3.49	3.42	7	7
布瑞本	2.68	2.83	2.96	3.05	8	8
粉红女士	1.31	1.92	2.08	2.11	12	9
艾尔斯塔	1.73	1.92	1.87	1.81	9	10
旭	1.72	1.72	1.58	1.47	10	11
红玉	1.28	1.27	1.24	1.19	13	12
红乔纳金	1.09	1.10	1.15	1.15	14	13
Lobo	0.77	0.99	1.00	1.00	16	14
Cortland	0.64	0.81	0.87	0.81	17	15
瑞光	1.44	1.05	0.92	0.78	11	16
Reinette	0.87	0.85	0.78	0.70	15	17
恩派	0.47	0.59	0.58	0.55	21	18
Gloster	0.47	0.58	0.58	0.55	21	18
Newton	0.57	0.54	0.54	0.55	19	18

表 2－1　世界苹果品种发展趋势预测（不包括中国）

品种	2005 年（%）	2010 年（%）	2015 年（%）	2020 年（%）	2005 年排名	2020 年排名
金冠	19.67	18.21	17.89	17.58	2	1
元帅	19.69	17.67	16.91	16.05	1	2
皇家嘎拉	11.31	13.59	14.32	14.89	3	3
富士	5.95	6.96	7.06	7.20	5	4
澳洲青苹	5.99	5.84	5.79	5.63	4	5
爱达红	3.44	3.89	3.80	3.59	6	6
乔纳金	3.20	3.42	3.49	3.42	7	7
布瑞本	2.68	2.83	2.96	3.05	8	8
粉红女士	1.31	1.92	2.08	2.11	12	9
艾尔斯塔	1.73	1.92	1.87	1.81	9	10
旭	1.72	1.72	1.58	1.47	10	11
红玉	1.28	1.27	1.24	1.19	13	12
红乔纳金	1.09	1.10	1.15	1.15	14	13
Lobo	0.77	0.99	1.00	1.00	16	14
Cortland	0.64	0.81	0.87	0.81	17	15
瑞光	1.44	1.05	0.92	0.78	11	16
Reinette	0.87	0.85	0.78	0.70	15	17
恩派	0.47	0.59	0.58	0.55	21	18
Gloster	0.47	0.58	0.58	0.55	21	18
Newton	0.57	0.54	0.54	0.55	19	18

注：表中数字是指该品种当年栽培面积，占该年度全部品种栽培面积的百分数。

第三节　各主要生产国品种组成

欧洲苹果栽培历史悠久，主要有15个生产国，其中意大利、波兰、法国、德国等为最重要的生产国家。目前主要栽培品种包括金冠（33%）、嘎拉系（19%）、乔纳金（12%）、元帅系（9%）、艾尔斯塔系（Elstar）（6%）、澳洲青苹（5%）、布瑞本（5%）等。

一、意大利

该国是欧洲重要的苹果生产大国，年产量2 200kt以上，40%的产量集中在South Tyrol地区。主要栽培品种包括金冠（44%）、嘎拉系（13%）、元帅系（12%）、富士系（5%）、澳洲青苹（5%）、Rome Beauty（5%）、艾尔斯塔系（4.5%）等。

二、美国

该国是世界第二苹果生产大国，年产量约4 500kt，主产区在华盛顿州、纽约州、密西西比州、宾夕法尼亚州、加利福尼亚州、维多利亚州等6个州，占总产的85%。60%是鲜食苹果，40%用于加工。其主栽品种为元帅系（44%）、金冠（16%）、澳洲青苹（6%），其他（34%）。

三、智利

该国是世界苹果出口发展最快的国家之一，乔纳金、布瑞本、澳洲青苹等为主要栽培品种。

四、新西兰

该国60%以上的苹果出口，不同目标市场，品种发展重点各异。四大主栽品种为嘎拉、布瑞本、富士和乔纳金。新栽植苹果园90%以上为新品种，主要是嘎拉系（35%）、布瑞本（15%）、爵士（15%）、粉红女士（12%）、富士（5%）、Pacific Beauty（4%）、太平洋玫瑰（2%），其他(12%）。

五、澳大利亚

该国新栽植苹果品种中，自育品种粉红女士占43%，Sundower占7%；引进品种嘎拉、富士和布瑞本所占比例分别为18%、8%和1%；澳洲青苹占15%，金冠占4%，红星占

1%；其他品种 3%。

六、日本

该国苹果主要供应国内市场，主栽品种多为自育品种，发展优质鲜食品种是重要特征。四大主栽品种为富士（51%）、津轻（12%）、王林（10%）和乔纳金（9%）；其他(18%)。

七、中国

我国是世界苹果生产第一大国，主栽品种主要是富士系（69.6%）、元帅系（9.2%）、秦冠（6.8%）、嘎拉系（6.3%）、国光（2.4%）、华冠（2.1%）、金冠（1.2%）、乔纳金（0.9%），其他品种（1.5%）。

八、波兰

波兰苹果总产量的 65%用于加工，主栽品种有 Cortland，Champion，Idared 等。

第四节　优新品种介绍

一、富士系

富士系苹果抗寒性较差，宜栽植于 1 月平均气温-8℃以上地区。

（一）长富 2 号

日本长野县选出，1980 年引入我国。现成为富士系主要栽培品种。

果实圆形、端正，果形指数为 0.82~0.88，平均单果重 220g，大小整齐。果面被有鲜红条纹，色泽艳丽。果面平滑有光泽，蜡质多，果粉少，无锈。果梗长，果皮中厚，果心大；果肉黄白色，细脆，汁多，酸甜适口；可溶性固形物含量 15%以上，可滴定酸含量 0.35%，品质上等，如图 2-1 所示。

▲图 2-1　长富 2 号结果状（宋来庆提供）

▲图 2-2 2001 富士果实(宋来庆提供)

(二)2001 富士

日本从富士苹果中着色Ⅱ系芽变选育而成。

果形高桩、端正,果个大。着色为条红型,易着色,如图 2-2 所示。

主要栽培性状同富士。

▼图 2-3 福岛短富士(徐贵轩提供)

(三)福岛短

日本福岛县果树试验场育成,1984 年引入我国。

果实圆形,果形指数 0.85,平均单果重 230g。果梗粗壮,果皮薄,光滑,蜡质和果粉较多。果点中大,稀而明显,果面片红;肉质脆,致密多汁,酸甜适口,稍有芳香;可溶性固形物含量为 15.6%,可滴定酸含量为 0. 40%。果实耐储藏, 如图 2-3 所示。

（四）烟富系列

1.烟富 1 号

山东省招远市从长富 2 号芽变中选出。

果实近圆形，高桩端正，平均单果重 250g，大小均匀。果形指数 0.88~0.91，果实片红，易着色，色泽艳丽。果肉淡黄色，肉质清脆爽口，多汁，味甜，可溶性固形物含量 15.4%，如图 2-4 所示。

▼图 2-4　烟富 1 号果实（宋来庆提供）

2.烟富 2 号

山东省烟台市果树工作站从山东省蓬莱市长富 2 号园中选出。

果形圆至近长圆形，果形指数 0.85~0.89，果肉淡黄色，肉质爽脆，汁液多，风味香甜，可溶性固形物含量 15.1%~15.3%。果面片红，色泽浓红艳丽，如图 2-5 所示。

▲图 2-5　烟富 2 号果实（宋来庆提供）

▼图 2-6　烟富 6 号果实

3.烟富 6 号

山东省烟台市果树工作站从惠民短枝富士中选出。

果实大型，单果重250g；果实圆至近长圆形，果形指数 0.86~0.90，易着色，色浓红；果面光洁；果皮较厚；果肉淡黄色，致密硬脆，汁多，味甜，可溶性固形物含量为 15.2%，品质上等。短枝性状稳定，树冠较紧凑，如图 2-6 所示。

图 2-7　烟富 3 号结果树(宋来庆提供)

4.烟富 3 号

山东省烟台市果树工作站从长富 2 号芽变中选出。

果实大型，平均单果重 250g，果形圆至近长圆形，果形指数 0.86~0.89，片红，易着色，浓红艳丽。果肉淡黄色，质密脆甜，可溶性固形物含量 14.8%~15.4%，风味佳，如图 2–7 所示。

(五)新红将军

山东省果茶站选育而成。

果实近圆形,果个大,平均单果重 235 g,果形较端正,果实整齐度好,商品果率高。果面光洁、无锈,底色黄绿,蜡质中多,条红,着色明显好于红将军。果肉黄白色,肉质细脆爽口,果肉硬度 9.6kg/cm^2,汁多,可溶性固形物含量 15%,风味酸甜,稍有香气,品质上等,耐储运,如图 2-8 所示。

▼图 2-8　新红将军果实(宋来庆提供)

(六)昌红

河北省农林科学院昌黎果树研究所从岩富 10 的浓红型芽变中选出。

与岩富 10 相比,果实鲜红,艳丽,全面着色,光洁,美观,果形端正,高桩。果形指数 0.86,果实个大,平均单果重 270g。可溶性固形物含量 15%~17%,可滴定酸含量 0.46%。果实采后去皮硬度 8.4kg/cm^2。口味酸甜适口,品质上等。9 月底至 10 月下旬均可采收,采收期长达 40 天。耐储藏,储藏期 180 天,如图 2-9 所示。

图 2-9　昌红单株结果状

（七）望山红

辽宁省果树科学研究所选出，长富2号早熟芽变。

果实近圆形，平均单果重260g；片红；果肉淡黄色，肉质中粗、松脆，风味酸甜、爽口，果汁多，微香，品质上等；可溶性固形物含量15.3%，去皮硬度9.2kg/cm²，可滴定酸含量0.38%；果实10月中旬成熟，果实发育期165天，如图2-10所示。

▲图2-10 望山红果实

◀▼图2-11 宫藤富士单株丰产状

（八）宫藤富士

日本育成品种，1980年引入北京昌平。

果实近圆形，大型果，果肉淡黄色，肉质细、脆、致密，果汁多，可溶性固形物含量14.5%~15.0%。果实全面着色，浓红鲜艳，如图2-11所示。

（九）礼富1号

由陕西省礼泉县选出，又称礼泉短富。

果实短圆锥形，果形指数0.88，平均单果重270g。底色黄绿，片红。果皮光滑，蜡质层厚，无锈。果肉细脆，酸甜适口。可溶性固形物含量17.4%，可滴定酸含量0.45%，品质上等，如图2-12所示。

图 2-12　礼富 1 号丰产状(马宝焜提供)

(十)弘前富士

弘前富士是日本选育的富士系早熟品种。

果实圆形或近圆形,果皮底色黄绿,果面着Ⅱ系鲜红色,平均单果重 230g,果实均匀整齐;果肉黄白色,细脆多汁,酸甜适口,品质优良,可溶性固形物含量 14.79%,可滴定酸含量 0.36%,果实硬度 13.7kg/cm^2。9 月上中旬成熟,耐储藏。树体生长旺盛健壮,大小年结果不明显,丰产稳产性较好,如图 2-13 所示。

图 2-13　弘前富士结果状(高华提供)

(十一)天红 2 号

河北农业大学于 1994 年发现的红富士苹果短枝型株变。

果实圆形或近圆形,较大,平均单果重 260g,果形指数 0.9 以上。果实香味浓,着色优良,果面光洁,可溶性固形物含量 14.5%~16.8%,如图 2-14、图 2-15 所示。

▼图 2-14　天红 2 号果实(马宝焜提供)

▲图 2-15　天红 2 号结果枝(马宝焜提供)

二、嘎拉系

为新西兰品种，亲本是 Kidd's Orange Red×金冠，1934 年杂交，1962 年命名，1965 年开始大量栽培，20 世纪 70 年代中期已成为国际上主栽的中熟品种，也是国际贸易量较大的品种。

▲图 2-16　嘎拉未套袋果实

▼图 2-17　皇家嘎拉套袋果实

嘎拉系品种有皇家嘎拉（Royal Gala）、丽嘎拉（Regal Gala）、Galaxy 和金世纪等芽变型。其中皇家嘎拉是芽变系中各国主要推广的品系，该芽变系 1969 年 H.William Ten Hove 发现的嘎拉单枝芽变，着色程度较嘎拉好。

果实中等大，单果重 150g，近圆形或圆锥形，较整齐一致；底色黄，可全面着红色，具较深条纹；果肉乳黄色，肉质松脆，汁中多，酸甜味浓，品质上等；在冷藏条件下，果实可储藏数月，如图 2-16~图 2-19 所示。

▲图 2-18　金世纪果实(高华提供)

我国于20世纪80年代初期引入,已成为主要的中熟栽培品种。在郑州地区,果实8月上中旬成熟。

植株长势中庸,枝条开张,易管理,结果早,连年丰产。

该品系适栽地区同富士系。

▲图 2-19　丽嘎拉结果状(高华提供)

三、元帅系

(一)新红星(Starkrimson)

新红星俗称"蛇果"。原产美国,为红星的短枝型芽变(元帅系第三代)品种。1964年我国从波兰引进。

该品种果实圆锥形,端正而高桩,果形指数0.9~1.0,果顶五棱突起明显;单果重200g左右;果面全部鲜红或浓红,有光泽,艳丽美观;果肉黄白,肉质细而致密多汁,味香甜,可溶性固形物含量11.9%~13.0%,可滴定酸含量0.20%~0.25%,品质上等;果实发育期150天左右,如图2-20、图2-21所示。

果实耐储性与红星相似,适宜低温和气调储藏。

◀图 2-20 新红星果实

▼图 2-21 新红星结果状

（二）天汪 1 号

天汪 1 号是天水市果树研究所 1980 年在秦州区汪川乡发现的红星短枝型浓片红株变（元帅系第三代）品种。1995 年命名。

该品种果实圆锥形，端正而高桩，果形指数 0.92~0.98，果顶五棱突起明显；平均单果重 200g 左右；果面底色黄绿，果实全部鲜红或浓红，色相片红，光泽鲜艳美观，着满色早于新红星和首红；果肉细嫩多汁，风味香甜，可溶性固形物含量 11.9%~14.1%，可滴定酸含量 0.21%，品质上等；果实发育期 148~155 天，如图 2-22、图 2-23 所示。

适宜山地果园（海拔 1 300~1 600m）栽培，栽培要点同新红星等短枝型元帅系品种。

▲图 2-22　天汪 1 号果实

▼图 2-23　天汪 1 号结果状

（三）超红

美国品种，为红星的芽变型。

果实圆锥形，单果重约 180g，果顶五棱突出；底色黄绿，全面浓红、色相片红；果面蜡质多，果点小，果皮较厚韧；果肉绿白色，储后转为乳白色，肉质脆，汁多，风味酸甜；有香气，含可溶性固形物含量 12%左右，品质上等，如图 2-24、图 2-25 所示。

▲图 2-24　超红结果树

▼图 2-25　超红结果树

(四) 康拜尔首红(Red Chief Del.)

原产美国，为新红星浓条红型枝变(元帅系第四代)品种，当今美国主栽品种。1981年我国从美国引进。

该品种树体紧凑、健壮，短枝性状明显，短枝率在90%以上。

果实圆锥形，端正而高桩，果形指数0.91~0.97，果顶五棱突起明显；平均单果重230g左右；果面全部鲜红或浓红，色相条红，多断续宽条纹，果面光洁艳丽；可溶性固形物含量11.9%~12.2%，可滴定酸含量0.36%，品质上等。果实发育期143~150天，成熟期比新红星早7天左右。果实耐储性好于元帅系其他品种，如图2-26所示。

图2-26　康拜尔首红单株结果状

（五）阿斯（Acespur Del.）

原产美国，为俄矮红枝变（元帅系第五代）品种，1988 年引进我国。

该品种树体生长健壮，树姿开张，属标准短枝型品种。

果实圆锥形，端正高桩，果顶五棱突起明显；平均单果重 230g 左右；果面浓红或紫红，色泽艳丽，果肉乳白，肉质松脆多汁，风味香甜，品质上等。果实发育期 145~150 天。该品种早果性、丰产性均强，并具有修复日灼果再着色和抗御晚霜的特点，如图 2-27、图 2-28 所示。

▲图 2-27　阿斯果实

▼图 2-28　阿斯结实状

(六)瓦里短枝

原产美国,为康拜尔首红芽变(元帅系第五代)品种,1984 年引入我国。

该品种属于半短枝型品种,枝条粗壮,幼树至始花期生长强于新红星。

果实圆锥形,端正高桩,果顶五棱突起明显;平均单果重 230g 左右;果面浓红或紫红,色泽艳丽,肉质细脆,味甜多汁,芳香馥郁;可溶性固形物含量 15.8%~17.0%,品质上等;果实发育期 145~150 天,果实耐储性优于新红星,如图 2-29、图 2-30 所示。

▼图 2-29　瓦里短枝结果状

▲图 2-30　瓦里短枝果实

（七）俄矮2号

美国品种，为俄矮红之芽变，为元帅系第五代品种，1992年引入天水，是天水果区主栽品种之一。

俄矮2号为元帅系果实着色较早的优良品种，在甘肃省天水市8月20~25日达满色期，果实圆锥形，果形指数0.91~0.95，平均单果重200g，果面全面鲜红或浓红色，光滑，富有光泽，鲜艳美观，9月上中旬成熟，发育期145~150天，可溶性固形物含量12%~14%，品质上等。俄矮2号树体半矮化，长势均匀，短枝型，结果早而丰产。如图2-31、图2-32所示。

温馨提示

元帅系品种的抗寒性稍强于富士系。适宜栽植在年均温9~11℃地区。

◀图2-31 俄矮2号果实

▼图2-32 俄矮2号结果状

四、金冠(Golden Delicious,别名:金帅、黄元帅、黄香蕉等)

原产美国,为世界栽培范围最广的品种。约在 1930 年引入我国。

果实圆锥形,平均单果重 200g,果面少光泽,稍粗糙,全面绿黄色,充分成熟后金黄色;阳面有红晕。渤海湾及黄河故道地区果面常有果锈;西北冷凉、干燥地区果面光洁且果实风味浓郁。果点中等大小。果梗细长。果皮薄韧;果肉淡黄色,汁液多;酸甜适度,芳香浓郁,品质上等。储藏期间容易皱皮。丰产、稳产,易管理。如图 2–33、图 2–34 所示。

▲图 2–33 金冠套袋果实

▼图 2–34 金冠结果状

五、乔纳金系

原产美国。1979 年和 1982 年分别从比利时、荷兰和日本引入，有乔纳金、黑系乔纳金等品种。

晚中熟品种，果实圆锥形或近圆形，平均单果重 250g，底色绿黄或淡黄，果面有 1/3~1/2 着色，有鲜红晕。果面光滑有光泽，蜡质多。梗洼深，中广，萼洼深，中广。果皮薄韧，果肉乳黄或淡黄色；肉质中粗松脆；汁液多；风味酸甜适度，品质上等；可溶性固形物含量 13.0%，耐储藏性中等。如图 2-35~图 2-38 所示。

乔纳金系抗寒性较差，其栽植区同富士。

▲图 2-35　乔纳金果实

▼图 2-36　乔纳金丰产状

▲图 2-37　黑系乔纳金果实

▼图 2-38　黑系乔纳金结果状

六、粉红女士（Pink Lady /Cripps Pink）

澳大利亚品种，由 John Cripps 在西澳州 Stoneville 试验站选育。1973 年用 Lady Williams 和金冠杂交，1979 年选出，1985 年正式推广，1995 年引入中国。

果实近圆柱形，平均单果重 200g，最大 306g。果形端正，高桩，果形指数为 0.94。果实底色绿黄，着全面粉红色或鲜红色，色泽艳丽，果面洁净，无果锈。果点中大，中密，平，白，有晕圈。果梗中长、粗，梗洼中深、中广，萼片直立、紧闭、萼洼深、中广，果心小。果肉乳白色，脆硬，汁多，有香气，可溶性固形物含量 16.65%，总糖 12.34%，可滴定酸含量 0.65%。耐储，室温可储藏至翌年 4~5 月。如图 2-39~图 2-42 所示。

树势强，树姿较开张，树冠圆头形，干性中强，萌芽率高，成枝力强。在陕西省渭北地区 3 月下旬萌芽，4 月上旬开花，10 月下旬至 11 月上旬果实成熟，果实生育期 200 天左右，12 月上中旬落叶。

该品种生长期长，成熟晚，需栽植在无霜期 200 天以上的地区。

▼图 2-39　粉红女士单株丰产状（高华提供）

▼图 2-40　粉红女士果实

▲图 2-41　粉红女士结果状

▲图 2-42　粉红女士全园丰产状

七、蜜脆（Honeycrisp）

蜜脆是美国明尼苏达大学园艺系以风味好，果肉芳香的 Macoun 品种为母本，味甜、肉脆和抗病能力强的 Honeygold 品种为父本进行杂交选育的苹果新品种，1991 年发表并命名为“Honeycrisp”。

该品种的主要特性是树势中庸、强健，树姿较开张。果实圆锥形，果形指数 0.88，平均单果质量 330g，最大 500g；果点小、密，果皮薄，光滑有光泽，有蜡质，果实底色黄色，果面着鲜红色，条纹红，成熟后果面全红，色泽艳丽；果肉乳白色，微酸，甜酸可口，有蜂蜜味，质地极脆但不硬，汁液特多，香气浓郁，口感特别好。果实采收时果实去皮硬度为 9.2kg/cm^2，可溶性固形物含量 15.03%，总糖 13.1%，可滴定酸含量 0.41%。如图 2-43 所示。

▲图 2-43　蜜脆果实（马锋旺提供）

在陕西省渭北地区果实成熟期为 8 月下旬至 9 月上旬。

八、爵士(Jazz Scifresh)

新西兰最新育成品种,由布瑞本和皇家嘎拉杂交选育而成。

目前,作为俱乐部品种在新西兰及美国、欧洲等国正在加快推广。爵士继承了皇家嘎拉苹果的浓甜多汁,和布瑞本苹果的爽脆口感。主要特点是果实外观质量高、品质优良、丰产性好。正在试栽中。如图 2-44、图 2-45 所示。

▶图 2-44　爵士果实

▼图 2-45　爵士丰产枝

九、凯蜜欧（Cameo）

美国新品种。

果实圆锥形，高桩，果形指数0.96，果实大，横径80~85mm，平均单果重300g；果点小、稀，果皮薄，果实底色黄绿色，果面着鲜红色，条纹红，成熟后果面全红，色泽艳丽；果梗长，细，萼洼处有五棱突起；果肉黄色，味甜，质地脆，汁液多，香气浓郁，口感极好，果实可溶性固形物含量为15%，如图2–46所示。

在陕西渭北果实成熟期为10月上旬，比富士早15天左右。果实极耐储藏，常温下可放2~3个月品质不变，普通冷库可储藏6个月以上。

抗性和适应性强，耐瘠薄，易管理。抗病抗虫性强，是目前苹果品种中最抗病虫害的品种之一。该品种树势强健，树姿较开张，萌芽率高，成枝力强。枝条粗壮，易成花和结果，丰产，单产高于红富士，连续结果能力强，比富士易管理。

凯蜜欧是一个综合性状优良的晚熟品种，适宜各苹果产区发展。

▼图2–46　凯蜜欧果实

十、布瑞本(Braeburn)

新西兰品种，由 Lady Hamilton 和 Granny Smith 杂交后代中发现的芽变品种，1952 年发表。

果个中大，果皮橙红色到红色，底色黄，肉脆，肉脆多汁，味甜，有香气，晚熟，耐藏性好，丰产性好，鲜食加工兼用，世界品种排名第九位。在美国、欧洲栽培较多。我国正在试栽。如图 2-47、图 2-48 所示。

▲图 2-47　布瑞本果实

▲图 2-48　布瑞本丰产状

▼图 2-49　皮诺洼果实

十一、皮诺洼(Pinova)

皮诺洼是德国培尔尼特苹果育种项目培育的苹果新品种，1986 年推广，为欧德伯格女公爵与橘苹的杂种实生苗与金帅杂交而成。

果实圆形，表面光滑，皮孔稀、小，不明显，底色黄绿，着鲜红色条纹，着色面达 90%，果实形正，果个中大，平均单果重 220g，果形指数为 0.82；果肉黄白色，甜酸适口，果皮薄，肉质脆，汁液多，香味浓郁；可溶性固形物含量 13%，果肉硬度 9.12kg/cm^2。9 月下旬果实成熟，耐储运。如图 2-49 所示。

十二、恩派(Empire,又名帝国)

美国品种，1966 年命名,旭的自然实生种,系纽约州农业试验站选育。

果实较元帅系成熟稍早。果实中等大,单果重 150~170g,长圆形或扁圆形,全面暗红色,带有紫色色调,覆有一层蜡质果粉;果肉白色至乳白色,肉质脆,汁多,风味酸甜,品质中上或上等。果实储藏性能优于元帅系,如图 2-50 所示。

植株长势中庸,结果早,丰产,唯果形较小。

抗寒性同元帅系。

▲图 2-50　恩派果实

十三、寒富

寒富是沈阳农业大学以东光×富士杂交选育的抗寒苹果新品种。

果实短圆锥形,果形端正,果个特大、色鲜红。果肉淡黄色,肉质酥脆多汁,风味甜酸,有香气,品质中等,可溶性固形物含量 15.2%。如图 2-51、图 2-52 所示。

抗寒性极强，可在年均气温 7.6℃、1 月平均气温-12.5℃、绝对低温-32.7℃地区栽培,在自然条件下安全越冬。富寒还具有早结果、早丰产、抗风、抗旱、抗病虫等优良特性,并具有显著的短枝性状,适宜进行矮化密植。

寒富抗寒性强,适宜在大苹果栽培地界以北 100~200km 区域栽培,暖地栽培果实品质差。

▲图 2-51　寒富果实

▲图 2-52　寒富结果状

十四、华红

中国农业科学院果树研究所以金冠为母本，惠为父本杂交育成的中晚熟、耐储、大果、红色的鲜食加工兼用苹果新品种。

果实长圆形，高桩；果个中大，平均单果重 250g；果皮底色黄绿，披鲜红色彩霞或全面鲜红色及不甚显著条纹；果面光滑，蜡质较厚，果点小，外观美丽；果肉淡黄色，肉质松脆，汁液多，风味酸甜适度，有香气，品质极佳。果实硬度 6.7kg/cm^2，可溶性固形物含量为 15.5%，可滴定酸含量为 0.48%。果实在辽宁省兴城市 8 月中旬开始着色，在 10 月上旬成熟。如图 2-53~图 2-55 所示。

树体抗寒性强，抗枝干轮纹病能力强；适应性广，宜在辽宁、甘肃、山西、河北等较冷凉及高海拔苹果产区栽种。采前不易落果，丰产稳产。

▲图 2-53 华红 3 年生树结果状

▲图 2-54 华红结果枝

▲图 2-55 华红丰产状

十五、秦阳

由西北农林科技大学育成。来源于皇家嘎拉自然杂交实生苗。

果实近圆形，果形端正，平均单果重 190g，果形指数 0.86。果皮底色黄绿色，果面着红色条纹，充分成熟时全面呈鲜红色，色泽艳丽。果面光洁无锈，果粉薄，蜡质厚，有光泽。果点中大，中多，白色。果梗长，中粗，梗洼中广、中深，萼洼浅、广。果肉黄白色，肉质细脆，汁液中多，风味甜，有香气。可溶性固形物含量 12.2 %，总糖含量 11.22 %，可滴定酸含量 0.38 %，果肉硬度 8.32kg/cm^2。如图 2-56~图 2-57 所示。

果实成熟期比美国 8 号早 2 周左右，比藤牧 1 号晚 1 周。果实室温条件下可储藏 10~15 天。

适宜我国中东部地区栽植。

◀图 2-56　秦阳单果状（高华提供）

▼图 2-57　秦阳果实（高华提供）

十六、华硕

中国农业科学院郑州果树研究所以美国8号×华冠杂交培育而成，2009年通过河南省林木良种品种审定。

果实近圆形，稍高桩；平均单果重240g。果实底色绿黄，果面着鲜红色，着色面积达70%，个别果实可达全红。果肉黄白色；肉质中细，松脆。采收时果实去皮硬度10.1kg/cm^2；汁液多，可溶性固形物含量13.1%，可滴定酸含量0.34%，风味酸甜适口，浓郁，有芳香；品质上等。如图2-58~图2-59所示。

果实在普通室温下可储藏20天，冷藏条件下可储藏3个月。

果个、颜色不亚于美国8号，但果实肉质比美国8号细、风味比美国8号浓，而且果实储藏性优于美国8号；成熟期比美国8号晚10天左右，与嘎拉接近，但果个远比嘎拉大；果实品质不亚于嘎拉。可与嘎拉同期上市。丰产稳产。

适宜我国中部产区栽植。

▶图2-58　华硕果实（闫振利提供）

▼图2-59　华硕结果枝（闫振利提供）

十七、王林(Orin)

原产日本福岛县，是用在金冠与印度混栽的果园内所结的金冠果实中的种子播种而获得。1943 年开始结果，1952 年定名。

▲图 2-60　王林果实

果实长圆形，果形端正。果个大，平均单果重 200 克左右。果实黄绿色，果皮厚韧，果面光滑、无锈，有光泽，蜡质中等，果粉少，果点大、绿色、明显、有晕圈。果梗中粗，梗洼较狭，内有锈斑。果肉乳白色，肉质细，松脆汁多，风味甜或酸甜，有香气，可溶性固形物 14.1 %，硬度 8.3kg/cm^2，品质上等。10 月中旬成熟，可储至翌年 3~4 月不皱皮。如图 2-60、图 2-61 所示。

适宜于元帅系栽植产区栽植。

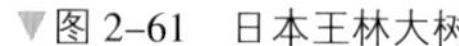
▼图 2-61　日本王林大树

十八、澳洲青苹(Granny Smith,又称史密斯)

原产澳大利亚。我国 1974 年由阿尔巴尼亚引入。

果实圆锥或短圆锥形,果个较大,平均单果重 200g 左右,大小较整齐。果面青绿色,散布白色较大果点,晕圈灰白色。个别果实阳面有少量红晕,果皮稍厚、光。果肉白色,肉质中粗、致密、硬脆。汁多、味酸。果实去皮硬度 8.8kg/cm^2,可溶性固形物含量 12.8%,生食品质中等。10 月下旬成熟,果实极耐储藏,一般条件下可存放到翌年 3~4 月。该品种除生食外,可供烹调食用,也可做加工原料。如图 2-62、图 2-63 所示。

▲图 2-62　澳洲青苹果实

适宜元帅系栽植产区栽植。

▼图 2-63　澳洲青苹结果状

十九、国光(Ralls Janet)

美国品种。在弗吉尼亚州从偶然实生苗中选出。1800 年定名,是一个优良晚熟耐藏生食制汁兼用品种。

果实扁圆或近圆形,果个中大,平均单果重 140g 左右。果实底色黄绿,被有红霞和粗细不均的断续红色条纹,山岭梯田地栽培着色尤佳。果肉黄白色,肉质致密。刚采收后,肉硬而脆,汁多,味酸甜而浓。储藏后,酸甜适口,可溶性固形物含量 15%左右,品质上等。10 月中下旬采收,极耐储藏。如图 2-64 所示。

适宜我国中北部产区种植。

▲图 2-64 国光结果状

二十、艾尔斯塔(Elstar)

荷兰品种,为英格瑞德(Ingrid Marie)×金冠的杂交种。1955 年杂交,1972 年命名,1975 年开始在生产上推广。

果实中等大,单果重 160 g,近圆锥形;底色黄,被有红色条纹或近于全红,颇与嘎拉色泽近似;果肉乳白色,肉质较松,在气温高的地区,果肉极易变软,且着色不良,味甜酸,较浓,品质中上等。果实储藏性能较差。如图 2-65 所示。

植株生长旺盛,结果早,甚丰产,但大小年严重,易感白粉病、黑星病 。

▲图 2-65 艾尔斯塔果实

二十一、太平洋玫瑰(Pacific Rose)

新西兰培育的新品种，亲本为嘎拉×华丽，1975 年杂交，1991 年开始在该国推广。为新西兰主栽品种之一。

果实单果重 200g，长圆形，底色淡黄白色，2/3 或整个果面着以粉红乃至暗红彩色；果肉乳黄色，肉质细脆，汁多，味甜浓，品质上等，果实耐储藏。如图 2-66 所示。

果实成熟期较富士早 2 周，植株长势中庸，叶片褐斑病严重。世界各苹果产区都有引种试栽。

▲图 2-66 太平洋玫瑰结果状

第五节　矮化砧木介绍

苹果矮化密植栽培是世界苹果发展的趋势，实现苹果矮化栽培的最主要途径是利用矮化砧木。20世纪70~80年代,我国还比较重视苹果矮化砧木的研究应用,但发展情况不理想,几乎处于逐年萎缩的局面。近几年矮化砧木的作用又重新被重视起来。

一、矮化砧木的性能特点

(一)优点

结果早、产量高、品质优、耐储藏、树体多矮小、适于密植、便于管理。

(二)缺点

不易繁殖,抗风、抗寒、抗旱能力较差;固地性差;容易早衰;多携带病毒。

二、优良砧木品系介绍

(一)SH系

SH系砧木是山西省果树研究所采用杂交方式(国光×河南海棠)选育而成。嫁接品种树体矮化、半矮化;易成花,开花结果早;早期丰产性强;果实品质优异;与富士、丹霞、嘎拉嫁接表现了良好的亲和性,基本无大小脚现象;抗逆性强、适应性广,具有较强的耐寒、耐旱、抗抽条和抗倒伏能力。

SH系苹果矮化砧木可在我国大部分苹果产区栽培,尤其适宜华北和西北黄土高原地区发展。在山西、北京、河北、新疆、河南、陕西、甘肃等多个省市栽培近35 000hm^2。目前,生产中主要应用的有SH_1、SH_6、SH_{17}、SH_{38}、SH_{40} 5个砧号,多利用其作为矮化中间砧。如图2-67~图2-70所示。

▲图 2-67　富士/SH_6/八棱海棠(6 年生)结果状(杨廷桢提供)

▶图 2-68　北京昌平富士/SH_6 果园

◀图 2-69　富士/SH_{38}/八棱海棠结果状（杨廷桢提供）

◀图 2-70　天红 2 号/ SH_{40} 单株结果状（马宝焜提供）

(二)GM256

吉林省农业科学院果树研究所以海棠果与M系杂交育成。1993年推广。

GM256与山定子等基砧和金红、寒富、华红等品种嫁接亲和性好,嫁接成活率高;中间砧茎段比基砧和品种茎段膨大;属于半矮化砧木。如图2-71、图2-72所示。短枝多,早果,丰产,抗寒性强,作中间砧时,对嫁接品种的果实色泽、糖分含量均有所提高。但压条繁殖比较困难。

▼图2-71 寒富果园

▲图 2-72　寒富单株结果状

（三）M 系

1.M_{26}

英国东茂林试验站用 $M_9 \times M_{16}$ 杂交育成。1957 年推广。

植株为小灌木。自根树在辽宁省兴城地区，10 年生树高 1.2m，冠径 1.5m。生长势较旺，介于 M_9 与 M_7 之间。属于半矮化砧木。如图 2-73、图 2-74 所示。

压条育苗生根容易，繁殖系数较高。根蘖少，可用硬枝扦插。嫁接在 M_{26} 上的苹果树，树体高度介于以 M_9 与 M_7 为砧的树体之间，产量、树势、固地性均比嫁接在 M_9 上的强，且较以 M_7 为砧者结果早，果实成熟也提早。自根砧嫁接树有“大脚”现象；中间砧有“粗腰”现象。比 M_9 具有更强的抗寒能力，在冻害偶尔很严重的地区多选用 M_{26} 为砧木。在日本和中国 M_{26} 经常被用作矮化中间砧。在陕西、江苏北部用 M_{26} 自根砧，在矮化、早期丰产和果实品质方面，均优于以 MM_{106} 和 M_9 为砧的，且与富士、元帅系品种、金冠等品种亲和良好，与平邑甜茶、扁棱海棠、楸子等亲和性也较好。我国陕西、山东、河北等地以及黄河故道地区应用较多。

▲图 2-73　甘肃礼泉县 M_{26} 果园

▼图 2-74　意大利 M_{26} 果园

2.M_9（原名黄色梅兹乐园）

1908年在法国梅兹随机选育的实生苗，后英国东茂林试验站进一步选择，1939年正式发表。属矮化砧木。根皮率72.5%。

植株为灌木，树冠开张，干性较弱，呈丛状生长。在辽宁兴城地区10年生自根树仅高1.0m，树冠直径1.2m。

为应用最广的砧木，压条生根力中等，繁殖率较高，在灌溉条件下生根较好，根系分布较浅；嫁接亲和性较好；早期产量和有效产量高，嫁接在M_9上的苹果树，2~3年结果，5~6年盛果，果实成熟较乔砧提早5~7天，果型大，硬度大，且着色好，风味好，含糖量明显提高，耐储运；自根砧砧木加粗生长快，有“大脚”现象；中间砧有“粗腰”现象。根系弱，固地性差，一些物质的吸收与嫁接品种和地理条件有关，对冻害、涝害、干旱敏感，对火疫病、苹果绵蚜敏感，对腐烂病有抗性。如图2-75所示。

▲图2-75 M_9砧木

第三章 苹果生产新技术

第一节　改革栽植制度

一、栽培制度概况

世界先进苹果生产国，在20世纪80年代前基本采用乔砧苹果栽培制度，80年代后多采用矮砧栽培制度。我国20世纪70年代前为乔砧稀植栽培，20世纪70年代末开始进入乔砧密植阶段，20世纪80年代后期开始采用矮砧栽培。2009年矮砧栽培面积165.6khm^2，占我国苹果总面积的8.01%。其中陕西省矮砧园占本省14.79%；河南省占12.6%；山东省占8.1%。从地区上看，山东省胶南市占78.08%；陕西省宝鸡市占69.99%；山东省青岛市占34.02%。在砧木类型中以M_{26}应用较多，占矮砧82.81%；SH系占6.46%；GM256占4.89%。

我国矮砧应用存在的问题主要表现在以下几个方面：首先是我国苹果园立地条件较差，肥水供应不足；其次是缺乏适应不同区域的砧木；其三是果农经济基础薄弱，无法满足矮砧栽培对设施条件的需要；其四是矮砧栽培技术体系尚不完善。以上因素制约着我国苹果矮砧栽培的发展。展望未来，我国将维持乔矮并存局面，各有其发展空间。

二、选用矮化砧—穗组合

果园肥水条件较好，选用M_9作矮化中间砧嫁接普通型品种，或M_{26}或GM256作矮化中间砧嫁接短枝型品种（如短枝富士、寒富、短枝元帅系品种）或生长势强的品种（如嘎拉）；果园肥水条件一般，宜选用M_{26}作中间砧嫁接普通型品种，如烟富3号、新红将军、乔纳金、红嘎拉等。

三、宽行密植

栽植密度由砧—穗组合生长势及土壤肥力来决定。长势强的品种（富士、乔纳金等）或土质条件较好及平地，采用较大的株行距栽植；长势弱的品种（美国8号等）或土质条件差及坡地，采用较小的株行距栽植。山地、丘陵区建园株行距为（1.5~2）m×（3.5~4）m；平原地建园株行距为（2~2.5）m×（4~4.5）m（表3-1）。一般情况下，株、行距的比例以1:（2~3）为宜。

表 3-1 矮砧苹果栽植密度

砧穗组合	山地、丘陵			平原		
	株距(m)	行距(m)	密度(株/667m²)	株距(m)	行距(m)	密度(株/667m²)
矮化中间砧	1.5~2	3.5~4	83~126	2~2.5	4	67~83
矮化自根砧	1.5	3~4	111~148	2	3.5~4	83~95

四、立架栽培

矮化中间砧和矮化自根砧苹果栽植后设立支架，一般顺行间隔 10~15m 立一个 3~3.5m 高的水泥桩，分别在 0.6m、1.2m 和 1.8m 处各拉一道铁丝，扶直中干；幼树期也可在每株旁栽竹竿做立柱，结果后再立水泥桩，中央领导干延长头固定在竹竿或架上，使其直立向上生长，保持中心干优势。如图 3-1、图 3-2 所示。

图 3-2 意大利宽行矮砧密植

图 3-1 新西兰宽行矮砧密植

第二节　大苗培育技术

一、苗圃地选择与规划

苗圃地要选择背风向阳、光照好，地势平坦，能灌能排，活土层深厚的肥沃沙壤土或壤土地块，土壤微酸性或中性，交通便利；切忌连作重茬地、盐碱地、涝洼地。圃地可分为生产区和非生产区。生产区包括播种区、营养苗繁殖区、移植区、试验区、轮作区、大棚、温室等；非生产区包括道路、防护林、排灌系统、生活区、库房等。各部分大小要视苗圃规模、任务而定。生产用地面积不低于总面积的75%。

为了苗圃浇水方便及节省用工，要充分利用新型浇水机械设施。浇水机械的选择以苗圃规模、经营者经济基础选择，固定式或移动式均可。如图3-3~图3-5所示。

▼图3-3　苗圃喷灌设施

▲图 3-4 苗木繁育微灌系统

▲图 3-5 苗圃移动喷灌设施

二、矮化砧木苗繁育

春季将砧木苗以 20°左右斜栽于栽植沟中，行距 0.9m，株距根据砧木苗长度确定。侧芽抽生的新梢长至 15cm 左右时，用木屑或透气性好的基质起垄压条，逐步压至新梢长 25~30cm，秋后从新梢生根的基部留 3~5cm 剪截出苗。如图 3-6 所示。

▲图 3-6　意大利 M 系砧木苗繁育情况

三、嫁接与圃内定植

嫁接分为室内枝接和田间芽接。

春季，将室内枝接好的苗木或上年夏秋季芽接的半成品苗定植在苗圃内，株行距 0.3m×0.9m。为了方便田间嫁接和管理，采用可在田间行走的嫁接和抹芽座椅，如图 3-7、图 3-8 所示。定植后，于每株苗旁立一竖杆，将苗木当年抽生的新梢分次绑缚于立杆上，如图 3-9 所示。在苗木生长过程中，将苗木距地面 70cm 以下的副梢全部抹除，如图 3-10 所示。

▼图 3-7　苗木嫁接，坐在机座上比较舒适

▲图 3-8　苗木抹芽及抹芽座椅

▼图 3-9　矮化砧木嫁接苗利用支柱绑缚

▼图 3-10　抹除苗木下部副梢

四、苗木圃内整形

第二年春，将苗木于高 70~80cm、粗 1cm 处剪截。发芽后，将剪口处第一芽萌发的新梢绑缚于立杆上，使其直立生长，并在整个生长季随时除掉其他萌芽。当中心干延长枝生长至 15~20cm 时，剪除新梢顶端尚未完全展开的幼叶的上半部分，每周 1 次，连续 4~6 次，这样可以部分解除新梢顶端对侧芽的抑制，促使侧芽萌发成二次梢。一级苗要保证至少有 7 条长度在 30cm 以上的侧枝，如图 3-11、图 3-12 所示。为了更好地促进苗木上部形成侧枝，对苗木进行喷布顶梢生长抑制剂，如图 3-13 所示。在生长季对促发的二次新梢要注意开张角度，以控制侧枝的生长势，促进部分枝当年开花。

▼图 3-11　培养有分枝的苗木

▼图 3-12　培养标准大苗

▼图 3-13　苗木喷布顶梢生长抑制剂及机械

五、苗木出圃

世界各国对成品苗的质量要求不一致。如图 3-14、图 3-15 所示。在起苗前一周检查土壤是否干旱，如苗圃土壤干旱，土质过硬，要进行灌水，以便机械或人工起苗。人工起苗，应两人一组。在苗两侧距苗 30cm 左右处，向下深挖 40cm 左右断根起苗，抖掉附土。检查根部有无病虫害和劈裂，按照苗木规格进行分级。一般在春季萌芽前或秋季落叶后起苗。

六、苗木储存

大苗定植时间较晚，苗木起出后，按照苗木的不同等级假植于低温阴凉处或储藏于冷库中，防止苗木失水而影响成活。

▶图 3-14　新西兰苗圃

▼图 3-15　法国成品苗

第三节　大苗建园技术

一、选用优质苗木

选用品种纯正、根系大而完整、枝干粗壮充实、芽眼饱满的3年生大苗，苗木基部干径1~1.3cm，有6~9个侧枝，长度40~50cm，第一侧枝距地面不小于70cm。图3-16、图3-17分别为新西兰、韩国采用优质大苗建立的果园。

▼图3-16　新西兰大苗建园

▲图 3–17　韩国大苗建园

二、定植时间

通常将苗木放在冷库或温度较低的地方储藏，在花期定植。

三、定植技术

（一）挖定植沟（穴）

根据果园设计，确定株行距。在定植点挖定植沟（穴），如图 3–18 所示。株距小于 3m，宜挖定植沟，沟深 60~80cm，宽 60cm 左右，如图 3–19 所示。株距大于 3m，宜挖定植穴，穴深 60~80cm，直径 60cm 左右。挖沟时注意将地表 25cm 的熟土与下层的生土分开堆放。沟（穴）挖好后，回填时要在坑底部填充秸秆、稻草等有机物料，增加有机质，也能起到储水的作用。每填一层腐熟的羊粪，就填一层表土，填满后用铁锹拌匀，整平，以备栽植。

▲图 3-18　挖穴机挖穴

▲图 3-19　挖定植沟和定植沟回填

（二）苗木处理

1.苗木分级

将准备好的苗木，按苗木质量进行分级。如图 3-20 所示。

2.修根

将苗木主侧根剪留 20~25cm，伤口剪成齐茬。如图 3-21 所示。

3.清水浸根

修剪后将苗木根系浸入清水 12h 以上。如图 3-22 所示。

4.生长剂蘸根

栽植前用生根剂蘸根，以促进生根。如图 3-23 所示。

▲图 3-20 苗木简易分级

▲图 3-21 修剪苗木根系，以利愈合发根

▲图 3-23 生长调节剂蘸根，以利发根

▲图 3-22 苗木浸泡水中

（三）栽植

1.人工挖坑

栽植前，在每行的两端距定植点 1m 处钉好木桩。然后在两个木桩间拉一根白绳，拉紧成直线。在定植点处挖坑，如图 3–24 所示。

2.栽树

待各行行线拉好后，从每行的第一个坑开始，每 8~10 行为 1 单元，拉一横线，与各行竖线垂直交叉，在交叉点处，规定统一方向栽树。如图 3–25 所示。

3.温馨提示

每行都有两个人负责栽树，待垂直方向上各行点的树栽好后，再将活动绳向前平移到下一个株距定植点。

栽植时，每填一层土，随时将苗木上下提动，使根系与土壤密接。矮化砧苗，中间砧部分入土，肥水条件较好的果园入土 1/3 为宜，肥水条件较差的果园以 2/3 为宜。如图 3–26 所示。

栽植完毕后，为防止栽后树苗下沉，导致埋土过深、根系生长不良，应立即灌透水沉实，并在树干基部铺地膜。如图 3–27 所示。

▼图 3–24　多组拉线栽植

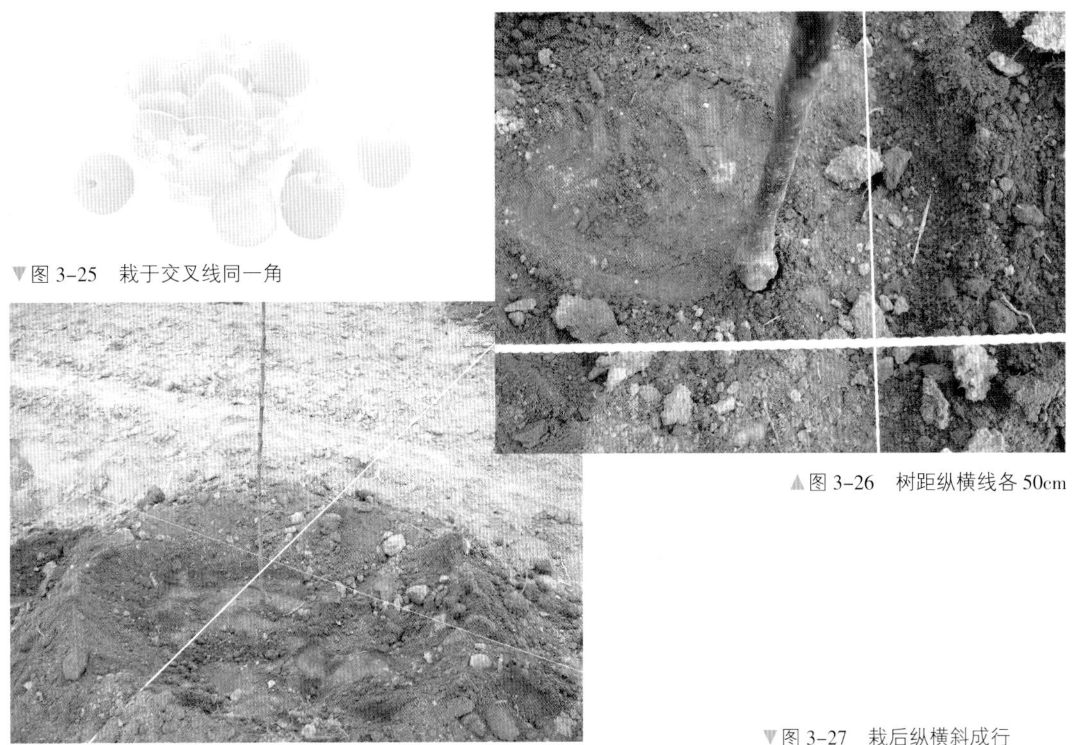

▼图 3-25　栽于交叉线同一角

▲图 3-26　树距纵横线各 50cm

▼图 3-27　栽后纵横斜成行

四、大苗建园早实丰产状

采用3年生矮砧大苗建园，株行距 1m×3.3m，每 667m² 栽 222 株。栽后当年不留果，第二年每 667m² 产 1 000kg 左右，第三年每 667m² 产 2 000kg 左右，第四年每 667m² 产 3 000~4 000kg，达到成龄丰产果园水平。如图 3-28、图 3-29 所示。

▲图 3-28　法国早实丰产结果状（栽后第二年）

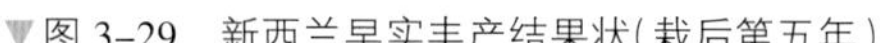

▼图 3-29　新西兰早实丰产结果状（栽后第五年）

第四节　整形与修剪技术

一、高纺锤形

(一)结构特点

树高 3~3.5m,干高 0.8~1m;中央领导干与同部位主枝粗度之比 1:(0.2~0.3),主枝基部直径最大不超过 2.5cm; 主干上配备小主枝 25~35 条, 主枝水平长度 1~1.5m,角度 100°~110°。成龄后的树体冠幅小(最大冠幅 1.5m)而细长,呈纺锤状,枝量充足,结果能力强,无大主枝,小主枝平均 25 条左右。如图 3-30、图 3-31 所示。

▼图 3-30　高纺锤形冬季果园

▲图 3-31　高纺锤形春季果园

（二）整形方法

栽植当年用竹竿扶正幼苗使其顺直生长，在饱满芽处定干。定干后在距地面 80~100cm 处，往上每隔 2~3 芽刻 1 个芽，萌芽后严格控制侧枝生长势，侧枝长度达到 25~30cm 时进行拿枝、拉枝，确保中心干健壮生长，定植当年树高应达到 2.0~2.5m。

第二年春季，疏除上年主干上长出的新枝，疏枝时尽可能将剪口剪低，剪口平向上方，留出轮痕芽促发弱枝；中心干根据长势强弱留 70~90cm 剪截，并对中心干刻芽促发分枝。严格控制侧枝生长势，侧枝长度达到 45cm 时，按角度100°~110°进行拿枝、拉枝，确保中心干健壮生长。

第三年春季，中心干上抽生的分枝可全部保留，对长势较强的主枝可适当疏除；3 年生树中干原则上不再短截，如果中干上新枝发生困难，有严重光秃现象的，可适当短截。尽可能使主枝生长势保持均衡，使同侧主枝保持 10~15cm 的间距。

第四年，树高达到 3m 以上，分枝 30~50 个，整形基本完成。果树进入初果期，如果树势较弱，春季疏除花芽，推迟结果一年。

随着树龄增长，适时去除主干上部过长的大枝，尽量不回缩，及时疏除顶部竞争枝。为了保证枝条更新，去除主干中下部大枝时应留小桩，促发平生的中庸更新枝，培养细长下垂结果枝组。

图 3-32 为利用大苗建园，采用高纺锤形树形，定植第二年树体结果情况；图 3-33、图 3-34 分别为日本、意大利矮砧高纺锤形树丰产情况。

▶图 3-32 高纺锤形初结果树结果状

▶图 3-33 日本矮砧高纺锤树形

▶图 3-34 意大利矮砧高纺锤树形

二、细长纺锤形

(一)结构特点

树高 2~3m,冠径 1.5~2.0m,在中央领导干上,均匀着生势力相近、细长、水平的 15~20 个侧生分枝,下部枝长 1m,中部枝长 70~80cm,上部枝长 50~60cm 为宜。主干延长枝和侧生枝一般可不短截自然延伸。全树细长,树冠下大上小,呈细长纺锤形,适合株行距 2m×(2.5~4)m 的密植栽培。如图 3-35~图 3-37 所示。

▼图 3-35　细长纺锤形树形整体园貌

▲图 3-36　细长纺锤形初果期树结果状

▼图 3-37　细长纺锤形树结果状

（二）整形方法

苗木栽植后，在距地面70~90cm处定干，并于50cm以上的整形带部位，选3~4不同方向芽上方0.5cm处刻芽，促发分枝。当年9~10月将所发分枝拉平。对于成枝力强的品种，第一年冬剪时延长枝一般可不短截。第二年中心干上抽生的分枝，第一芽枝继续延伸，其余侧生枝一律拉平，长放不剪，同一侧主枝相距40~50cm。对主枝的背上枝可利用夏季转枝和摘心的方法控制，使其转化成结果枝。如图3-38、图3-39所示

▼图3-38　细长纺锤形2年生树体形态

▼图3-39　细长纺锤形3年生树体形态

第三年冬剪时中心干延长枝仍可长放不截，依据树势决定是否换头。对直立枝可部分疏除、部分拉平缓放。

▼图 3-40　细长纺锤形 4 年生树体状况

4~5 年调整中心干长势，弱的短截促发壮条、恢复长势，强的疏除下部竞争枝，其余缓放不截。中下部主枝，培养枝组，稳定结果，并逐年向外延伸。逐步疏除过密过强的骨干枝。中央领导干连年长放，成花较多，硕果累累。如图 3-40 所示。

▼图 3-41　中央领导干结果状况

6~7 年生树水平状态侧生分枝优先促其结果，对于结过果的下边大龄主枝视其强弱进行回缩，过密的应当疏除，使整个树冠成为上、下两头细，中间粗的纺锤形树冠。如图 3-41 所示。

三、松塔树形

该树形由河南省三门峡市灵宝东村园艺场纵敏师傅于 1995 年试验成功,并应用于生产。后经大量生产实践,不断完善,于 2001 年 10 月 18 日正式通过省级鉴定,认为它是在吸取当前常用树形优点的基础上，创造发明了不需支柱篱架的比细长纺锤形还小的主干树形。该树形上尖下大,挺拔、规范、整齐壮观,通风透光,果品质量好,从根本上解决了密植果园旺长、郁闭、产量低、品质差的诸多问题,技术操作简便易学,对新栽密植果园和郁闭果园的改造均提供了一种实用新树形，现在河南省三门峡市陕县二仙坡绿色果业山庄有 200hm^2 树形展示,经济效益、社会效益显著。如图 3-42 所示。

▼图 3-42　松塔树形 3 年生树

(一)松塔形树体结构

该形是在纺锤形基础上，吸纳优良主干形和圆柱形的优点，结合当地实际，经多年试验不断完善改进，形成的一种无支柱、乔砧和矮砧均适用的苹果树新树形。树形轮廓呈细长圆锥形，成龄树树高4m左右(落头后到3~3.5m)，干高0.8~1.2m，枝组数25~27个，枝组开张角度95°~110°，树冠下部枝展长度80~120cm，上部为40~60cm。枝组间距10cm以上，呈螺旋状依次向上排列。干枝比为1:(0.2~0.3)，单株平均结果200个(图3-43)，每667m² 一般产量在1 500~2 000kg，最高产量可达5 000kg，优质果率达90%以上。

▼图3-43　松塔树形丰产树(6年生树)

(二)树形特点

1.中干强直,主从分明

中干挺拔健壮,中干与枝组粗度严格控制在1:(0.2~0.3),过分粗大影响树势平衡的,严加控制。

2.枝组丰满,角度低垂

该树形前期枝组数量多达40个左右,后调整到25~27个,保持枝组丰满而不密。

3.通风透光,行株间宽敞

由于树冠上小下大,枝组不长,树冠较小,行株间留有一定空间,枝枝见光,果果见光,着色鲜艳,果品优良。

4.易于管理、提高功效

成龄园行间留有1.5m以上作业道,株间留有1.5m空间,便于各项田间操作。与传统管理投工基本相同,但因果质提高,效益翻番。

5.树势健壮,产量稳定

枝组角度加大到100°以上,营养生长与生殖生长处于平衡状态,背上不冒条,营养消耗少,中、短枝多,成花率高,年年丰产,有效地解决了苹果树常见的"大小年"问题。

(三)整形技术

1.冬季修剪

(1)幼树

1)栽后定干　定干高度为1~1.2m,剪口下20cm为发枝带,逢芽必刻(干高留90~100cm),促发新枝。

2)第一年冬剪　定干当年剪口下可抽生5~10个枝条,其中有2~3个竞争枝,选其中位置好、长势旺的为中心干延长枝,不截,其余疏除,对下部所发弱枝可全部保留。

3)第二年冬剪　为扶持中心干优势,新抽生枝要间隔5~10cm,呈螺旋状依次向上排列,疏除延长头竞争枝、直立枝和过密枝。各枝头要采取单轴延伸,且勿短截;对保留枝组要及时拉枝到位,使其保持在95°~110°。

4)第三年及以后冬剪　按上述要求,每年去除竞争枝、内向枝、过旺直立枝、垂直枝、交叉枝等。注意加大旺枝角度,缓势促短枝。对个别的衰弱枝要适当回缩。第五年基本成形,进入正常结果状态。

(2)成龄树整形改造　对成龄树整形,要掌握抑强扶弱和枝组更新等管理的关键环节。

1)提高干高　为便于地下管理和减轻果锈,要疏除主干距地70~100cm的枝,但一次去大枝不得超过4个,大枝多的树要分年疏除。在小年树上,对有花大枝可待下年疏除,以补小年产量。如图3-44所示。

2)开张角度　疏除多余大枝后,对长度适宜的主枝进行控枝,保持100°~110°。如图3-45所示。

3)缩小冠径　枝展长度应不超过行距的30%和株距的40%,最长不超过1.5m,超

过部分要适当回缩或疏除。对干枝比接近 1:0.25 的要适当疏缩。对 6 年生以上的衰老枝进行更新，当干枝比达到 1:0.25 时为预备更新期，超过 1:0.25 者为更新期。办法是在下垂衰老枝后部良好分枝处回缩，或留 5cm 重缩，使基部萌新枝，减少中干上的伤口。

▲图 3-44　5 年生树修剪后

▼图 3-45　8 年生树修剪前后对比

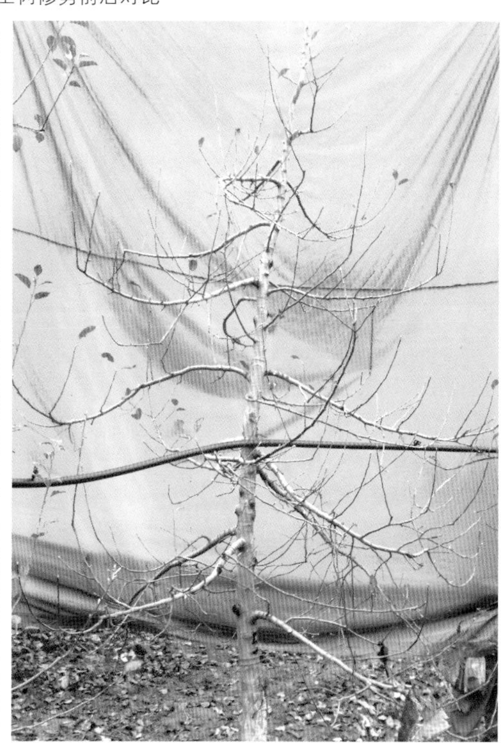

2.生长季修剪

(1)第一年　春季发芽前在定干剪口下 20cm 枝段上逢芽必刻,促发新枝,生长季对距地面 90cm 以内的萌芽全部抹去。当新梢长到 60cm 时,采取拿枝开角,秋季对大于 100cm 长的枝进行拉枝。

(2)第二年　春季发芽前中干刻芽,间隔 5~10cm,呈螺旋向上;上年秋季拉平的枝,于基部留 5cm 不刻,余者采取两侧芽前刻,背下芽前深刻,背上芽后浅刻芽;对于够长度的弱单枝采取分道环割,间隔 15~20cm。当刻芽枝背上新梢长到 15cm 时,进行低位扭梢,对两侧新梢空间大的,可采用摘心去叶法,15cm 以下的摘 3 片叶,20cm 以上的摘 5 片叶,以促发分枝。

1)刻芽促萌　对中干缺枝部位和主枝光秃带进行刻芽抽枝,中干刻芽在 3 月前,芽上刻伤,芽距保持 10cm 左右;强单枝可在 3 月上旬前结束刻芽,水平枝在两侧芽及背下芽芽前刻,背上在芽后 1mm 处浅刻,虚弱枝不刻芽,只在背上芽后 1mm 处分段环割,以控旺促花。

2)拿枝软化　中干上新梢长到 60cm 时,拿枝软化。

3)环割(剥)　80%新梢长到 16~20cm 时,在母枝基部 10cm 处进行环割,对 1~2 年生枝已有分枝的,在强弱枝分界处分道环割,时间分别在 3 月下旬、6 月中旬和 8 月中旬,即每次生长前进行,有利于控长促花。对直径大于 2cm 的旺枝在基部环剥,剥口宽度为枝粗的 1/10(1~2mm)。主干和中干上严禁环剥(割)。

4)及早除萌　一是对弱枝要及时除萌,但对旺枝和虚旺枝不要除萌,以牵制前端生长;二是将剪、锯口下,环剥(割)口和枝条基部 15cm 内的萌芽全部去除,以减少消耗。

5)扭梢　当枝组上、背上新梢长度达 15~20cm 时,在基部 1cm 以下位置扭梢,促其成花。

6)秋季拉枝　立秋至秋分期间,对中干上当年够长度新梢和其他上翘的结果枝组进行拉枝开角,缓势抑长。如图 3-46 所示。

▲图 3-46　秋季拉枝状

7)剪秋梢　9月底至10月初,对枝组前端的未停长秋梢及中干上冒出的秋梢进行疏剪。

8)疏大枝　果实采后,及时疏除多余(冬剪要去的)大枝,有利改善光照和伤口愈合。

通过上述措施的合理运用,确保了春季成花完好。如图3-47所示。

3.更新复壮修剪

(1)枝组更新指标　当干枝比达到1:0.25为预备更新期,超过者为更新期。一般枝龄在6年左右,小枝组占90%左右。

(2)更新方法

1)培养预备枝组　早春,在预备更新枝的基部背上刻伤或在中干适宜部位刻芽,促发新枝,秋季拉平缓放,培养新枝组。

2)旺枝　于6~8月进行多道环割,控制成中庸长枝,为培养长轴型枝组奠定基础。对强长枝采取拉、刻、割,缓势增枝。

3)结果枝　龄超过6年的要及时更新。重点培养中庸健壮长枝是生产优质果的关键。当枝组拉下垂后,在基部隐芽部位,进行刻芽或环剥,以抽生旺枝,通过拿枝软化或拉平,即可形成预备枝,几年后,可取代母枝。

为保持树强、枝壮、果个硕大,除综合管理外,最重要的是严格控制花、果留量,按期完成。

▲图3-47　春季开花情况

四、"V"字树形

(一)A 模式

1.结构特点

主干高 20cm,树高 2~2.5m,无中心干,只在主干上端着生两个呈"V"字形斜上生长的主枝。主枝上不配侧枝和大型枝组，只配中小型枝组。适宜的株行距为 2m×4m 或 1.5m×4m。

2.整形方法

定植后在 30cm 高处短截定干，并对顶端下 10cm 段内向两边行间的芽行“上目伤”,刺激发枝,待其长到 30cm 长时,留两个生长健壮、粗细相近、间距 10~20cm、分别向两边行间延伸的枝条作主枝，其余的疏除，以便集中养分加速主枝生长，待其长到 60cm 以上和木质化后,用拉绳向两边行间拉成"V"字形,主枝与中心干夹角呈 45°~55°为宜。以后用着生在主枝两侧和背后枝条,分别培养成中小型枝组即成。由于主枝背上芽易发生直立强旺枝,冬剪时需及时抠除背上芽,或发枝后及早疏除。

(二)B 模式

果树定植前按南北行向设置"V"字形架作树体支撑物。架体由立柱(角铁或木杆)和粗铁丝组成,柱长 3~5m 因行距而定。立柱每二根组成一对,以 60°夹角交叉插入地下,深 0.7~1m,行内架距 10m。从柱顶向下每隔 0.5m 设一道铁丝。如图 3-48~图 3-50 所示。

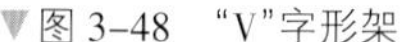
▼图 3-48 "V"字形架

▲图 3-49　定植第二年

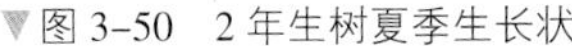

▼图 3-50　2 年生树夏季生长状

果树每2株为一组成单行以60°夹角交叉栽于“V”架中心线上，组内株距10cm，组间株距0.7~1.5m，行距3.2~6m。组内2株树培养中心干分别向东西方向生长，引缚架上。由中心干分生的小侧枝也绑在铁丝上，如图3-51所示。

▲图3-51　侧枝绑缚呈水平状

▼图3-52　陕西白水“V”字树形

中心干上直接着生中小型枝组。

夏剪时全部疏除背上枝，并用疏截调整两侧和背后方向枝的长势和密度，促使树体结构和枝量合理。

常见“V”字树形如图3-52~图3-55所示。

▶图 3-53　新西兰“V”字树形结果初期

◀图 3-54　新西兰“V”字树形结果盛期

▶图 3-55　澳大利亚“V”字树形结果状

五、圆柱树形

（一）结构特点

干高 70cm 左右，树高 2.5~3m，冠径2.0~2.5m，结果枝组呈螺旋状较均匀地分布在中心干上，上下枝组长度差别不大。如图 3-56~图 3-59 所示。

▲图 3-56　甘肃礼县圆柱树形春季园貌

▼图 3-57　圆柱树形冬季园貌

▶图 3-58 意大利圆柱树形

▼图 3-59 圆柱树形结果状

（二）整形方法

苗木栽植后在距地面 80cm 左右、饱满芽处定干。萌芽期及早抹除主干高度的萌芽。6 月中旬，对中心干延长新梢和少数侧生新梢进行摘心，并将侧生新梢分枝角度拉至 70°左右。9 月末，对未封顶的新梢进行摘心与剪梢。

第二年冬剪时，对中心干延长枝留 2/3~3/4 长度短截；1 年生中心干上的短枝，下半段每 4~6 个疏除 1 个，上半段每 3~4 个疏除 1 个；1 年生中心干上的少数侧生发育枝，可长放或剪留 2 个芽左右；中心干上枝组的长度控制在 30cm 左右。枝组先端的带头枝剪留稍长，枝组侧面的枝剪留稍短，在枝组基部选一个稍强枝剪留 1~2 芽促发预备枝。枝组结果转弱后，应缩剪到预备枝处更新。

六、篱壁式树形

［模式一］

（一）结构特点

"丰"字形篱壁树形，干高 50cm，树高 2.5~3m，篱壁厚度 100~120cm，在中心干上，顺行向分布着对生 4 层 8 个长势相近的主枝。主枝基角 80°~85°。层间距：第一层 60cm，第二层 50cm，第三层 40cm。如图 3-60 所示。

▲图 3-60　经机械修剪过的篱壁式树墙

（二）整形方法

选强壮、芽体饱满的苗木栽植。苗木定植后，在 65~70cm 的地方定干。从萌出的枝中选对生或邻近顺行向生长的两个新梢做第一层主枝定向培养。当层间达 60cm 以上时，按第一层主枝选留方法选出第二层主枝。对层间其余枝条，除过密的疏除外，均作辅养枝处理。第三、四层主枝的选留，除层间距不同外，同第一、二层。

冬剪时，短截主枝延长枝。注意调整延长枝的生长方向和角度。剪留长度根据长势强弱和均衡枝势的原则，一般剪留 40cm 左右。对主枝上的侧生枝，一般不短截而甩放，待结果后按结果枝组修剪。对层间辅养枝，结果后应逐渐回缩，以保障各层主枝的生长空间。对夏剪，主要是在生长季节进行拉枝、疏枝、拿枝软化、环割、环剥等，使其达到早果、丰产、提高栽培效果的目的。拉枝，是对主枝实施开张角度所采取的方法。在初夏和秋季，当主枝长度在 1m 以上时，应及时按预定角度进行拉枝。一般一次拉成，也可分两次拉成，不可拉成弓形。

［模式二］

（一）结构特点

树形结构与柱形果树大体相似。干高 70 ~80cm，树高 2.5~3.0m。由于采用机械化修剪方式，树体上下部分的冠径基本一致，在 1.0~1.5m，结果枝组呈螺旋状较均匀地分布在中心干上，上下枝组长度差别不大。

（二）整形方法

栽植密度为株距 0.9m，行距 3m 或 4m。采用带侧生分枝的大苗建园，苗高 1.5m 以上，茎粗度 1.5cm 以上，整形带侧生分枝 8 个以上。定植时不定干，疏除超过主干干茎 1/4 的大侧枝，在缺枝位置刻芽促生分枝。控制侧枝生长势，长度达到 30cm 左右时，用牙签撑开基角，角度在 90°~110°，生长势旺的上部枝条角度大些，生长势弱的下部枝条角度小些。

第二年春，在中心干分枝不足处进行刻芽促发分枝。通过拉枝控制侧枝的生长势和长度，保持侧枝长度在 70 ~100cm，疏除粗度超过同部位干径 1/4 的分枝。冬季修剪时，根据树体长势和行间距，控制侧枝的长度。利用机械化修剪机械，“剃头式”整齐划一的修剪树体，使冠径保持在 1~1.5m，树高保持在 2.5~3.0m。如图 3-61、图 3-62 所示。

▲图 3-61　篱壁式幼树拉枝整形

▼图 3-62　篱壁式树形枝条绑缚

七、大树控冠改形，通风透光技术

（一）树冠适宜参数

生产精品果的树冠应具有下列参数：

➡树冠东西两侧每天受直射光各 3h 以上。

➡光分布合理，外围、中部和内膛自然光照率分别为 70%、50%~70%和>30%。

➡透光率 30%以上。

➡叶面积系数 3~4。

➡枝叶覆盖率 60%~80%。

➡每 667m^2 树冠体积 1 200~1 500m^3。

➡每 667m^2 枝芽量 5 万~8 万条。

➡每 667m^2 花量 1.2 万~2 万个。

➡长:中:短枝为 2:1:7。

➡每 1m^3 树冠留枝 40~60 个，每 1m^2 树冠投影面积留枝 100~160 个。

（二）改造树形

要先从大年开始改造。对高、大、密、乱的树冠经过循序渐进的改造，使大冠变小冠、圆冠变扁冠，低干变高干，高冠变矮冠，密冠变稀冠，有利于生产精品果。

1.大冠变小冠

如小冠疏层形可改为小冠开心形，也可改成改良纺锤形或细长纺锤形，自由纺锤形改为细长纺锤形，细长纺锤形可改为主干形。

2.高冠变矮冠

通过一次性和逐年落头法将树高稳定在适宜高度上：主干疏层形 3m 左右，自由纺

锤形 2.5m 左右，细长纺锤形 2m 左右，使行间射影角（树顶与邻行树冠基部连线与水平面构成的夹角）在 45°左右，从根本上消除内膛枝叶寄生区。如图 3-63、图 3-64 所示。

▲图 3-63　高冠变矮冠

▼图 3-64　人工落头开心

3.低干变高干

过去提倡低干，现在体会到它有许多弊端，一是不便树下田间操作，二是没有地下反射光，三是下部低位枝枝展过大，影响株、行间通风透光。近年将树干由原来的 50~70cm，逐渐提高到 1~1.2m，个别的提升到 1.5~1.8m，效果都不错。如图 3-65 所示。

▲图 3-65　去除低位大枝

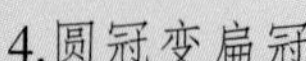

4.圆冠变扁冠

生产上基本上是圆球形树冠，为了解决密植树和郁闭树的采光、通道问题，可以把树冠由圆球形改为扁平形或扇形，一是将圆形树冠缩剪成顺行扁冠，整个树行形成不断的树墙；二是在行间较宽条件下，将圆形树冠缩剪成垂直于行间的扁平树冠，株间仍留出一定空间（1m 左右），让树冠向行间发展。这种改造也需要 2~3 年渐进的改造过程。如图 3-66 所示。

5.密冠变稀冠

密冠树多是主枝，辅养枝、枝组留得过多所致。为了明显改善通风透光条件，通过几年的疏枝过程，加大枝间距离，使大枝（主枝、辅养枝）间距在 1m 以上，上下层间距 1.2m 以上，大枝组间距 60cm 以上，中枝组间距 40cm 以上，小枝组间距 20cm 以上。如图 3-67、图 3-68 所示。

上述改形工作只适合初果期至盛果期树，对于盛果期末的树，不强调大改形，只重视通风透光就行了。山区果树树冠太矮，提干太高，会严重影响产量。所以，只要注意疏除基部主枝上的低位侧枝就行。

修剪前　　修剪后

▲图 3-66　圆冠变扁冠

修剪前

修剪后

▲图 3-67　密冠变稀冠

▲图 3-68　去除把门大侧枝

6.改形后的树冠轮廓

干高 1~1.5m，树高 2~3m，呈开心状，干枝比 1:(0.3~0.5)。中冠形一般应留下 3~5 个主枝，自由纺锤形留下 8~10 个小主枝，细长纺锤形留下 13~15 个侧生分枝，小冠形（如松塔形）只留下 20~27 个侧生枝组。

温馨提示

改形要充分考虑到产量效益和枝组培养过程，需经 3~4 年的逐渐改造过程，绝不可一次到位或一年到位。

（三）调控树冠

在选为精品生产园后，必须对不理想的树冠进行有效调控。

1.以果压冠

树势旺壮、树条粗长，徒长枝较多，应适当多留些果实。

2.控制大枝

对于该去除的大枝（多余的主枝和辅养枝），应按着“去长留短，去大留小，去粗留细，去低留高和去密留稀”的原则，将多余大枝分批、分期疏除。

(1)去长留短 凡伸向行株间太长,甚至伸到邻行、邻株的树冠中,要优先疏除。

(2)去大留小 凡枝体过大,影响周围枝生长者,要先疏其侧生枝,缩小枝体,后疏除。

(3)去粗留细 枝体粗大,与其母枝(中央领导干或主枝)构成竞争者,应优先疏除。

(4)去低留高 主干上距地面 1m 以下的低位枝,应在考虑产量的条件下,采取一次性或多次性去除的方法,把低位枝解决好。

(5)去密留稀 对于树冠内的轮生枝、重叠枝、交叉枝,要优先疏除。大枝问题解决了,树冠光照就会得到根本的改善。如图 3-69 所示。

▼图 3-69 去除竞争性侧枝

3.拉枝到位

主枝拉到70°~80°，小主枝拉到80°~90°，侧生分枝拉到90°~110°。从中央领导干上来说，越往上，角度越大，这样可以控制上强和树高。对于各类枝组，一般角度要在90°~120°。有的呈斜生或下垂，结果稳定。用角度控制树势和枝势十分有效。

4.培养理想枝组

为了让果实端正、着光好，应将大中枝组培养成单轴、细长、斜生、下垂、松散型枝组，枝组结果以大、中为主。平均每米骨干枝枝组数在10个以下。

5.结合高接换种缩小树冠

原树冠高大，可结合更新品种，将原来高大树体锯掉，按更小树冠要求，留好砧桩，高接成活后，培养成小树冠。

6.培养预备枝

树上所有大枝、小枝均可看成是临时性的，根据需要，随时可以疏除。但有时考虑到疏除粗大枝后，部位太空，为此，在疏除主枝的前2~3年，先在大枝基部进行环剥，时间在6月初，当年可在剥口下抽生出1~2个侧生新梢，经过2~3年培养，形成一个长轴型枝组，但比其母枝要小多了，这时，在冬剪时，可留下小枝，去除其母枝，这样树冠就得到了控制。

（四）改变修剪手法

长期以来，苹果树生产上普遍采用截、缩、疏、放、拉、剥6种手法，现在截、缩方法用得少，疏、放、拉方法用得多，盛果期树已不提倡环剥、环刻和刻芽了，而改用PBO新型果树叶面肥进行促花，甚至可免去扭梢、摘心的手术了。至于拉枝，主要是在整形期间随枝条单轴延伸，结果量增加，长放枝组自然斜生、下垂，省去人工拉枝的麻烦，可简化许多技术，比过去"枝枝必问"要省事多了，且树势稳定，不冒条，成花好，果不少，品质高。

1.基本不短截

过去短截分为5种，即五段修剪法：秋梢顶部轻打头，为一段剪；秋梢中部剪为二段剪，春秋梢交界处为三段剪，春梢中部饱满芽为四段剪，春梢基部次饱满芽剪为五段剪，各段剪后反应不同，不好掌握。现在，除幼树骨干枝延长头在栽后几年里为了扩冠和培养枝组需适当短截。"短截是早结果的敌人"。

对于结果树来说，提倡中小型树冠，轻剪长放，因为短截越多、越重，树势越旺，树冠扩大越快，成花、结果越晚。基本不短截，不但树势稳，而且修剪省工，成花结果也好。如图3-70所示。

2.基本不回缩

回缩对局部起加强和促进作用。回缩多了易冒条子，郁闭树冠。过去修剪手法是哪里影响哪里缩，每年回缩比例较大，效果并不理想。现在除非枝组延伸过长，树势极度衰弱者外，一般对骨干枝、辅养枝和大枝组基本上不采用回缩法修剪。过去，习惯上对角度小的主、侧枝头，在外侧枝上回缩，以利于开张角度，如果不结合撑拉，新头由于缩剪的促进作用，梢头又翘起来，甚至开张角度比原头还小，这种现象十分普遍。如图3-71所示。

▲图 3-70　基本不短截、不回缩

▶图 3-71　短截、回缩造成旺枝丛生

为了有效控制和改造辅养枝和大枝组，也可在其后部良好分枝处回缩，但这种做法不宜太多，以不超过该回缩枝的 1/6 为宜。为了解决树冠郁闭问题，最好用疏枝法代替缩剪。

3.基本上采用轻剪长放法

这种剪法对缓势成花十分有利。从幼树期开始，对辅养枝和枝组基本上采用长放不截法，对早期丰产非常重要。在采用主干形、细长纺锤形整形修剪时，如果中央领导干挺拔健壮，年生长量在 1m 以上，也应长放不动，任其直立向上，继续单轴延伸。在其中部饱满芽位置（辅以刻芽更好）会抽生 3~5 条理想的侧生分枝；在延长梢上，其竞争势力不强，甚至构不成竞争，如有竞争枝出现，也应在夏季对其摘心、扭梢，控制其势力，这对培养坚强的中央领导干相当重要。对枝组和辅养枝长放不剪，有利于扩大枝组、辅养枝的枝叶量和结果部位，也有利于缓势促短枝，早成花，更有利于培养单轴、细长、下垂、松散型枝组，这样做是保障结果早，树势稳，控冠好，通风透气，优质丰产的基础。

结果枝连放 6~7 年，结果依然很好，关键是控制好单枝果实负载量，才能让单枝组自我更新复壮。枝组不过弱，暂不必回缩，任其下垂，斜生生长和结果。

4.基本上采用疏枝法

疏枝的局部作用是对剪口上削弱，对剪口下增强，对全局削弱。当前，部分苹果园已转为质量效益阶段，一切技术措施都应紧紧围绕提高品质为中心，修剪也不例外。在解决树势过旺、枝条茂密、苹果着色差等方面，疏剪起着至关重要的作用。首先大枝和辅养枝过多，会严重恶化树冠光照，如小冠疏层形，按标准，应留 5 个主枝，可现有的树却留下 10 余个主枝，其中常有轮生、重叠、交叉情况出现。进入盛果期本应以各类枝组代替辅养枝结果，但生产上却继续保留和利用大量辅养枝结果。辅养枝太多，不但使内膛严重缺光，而且各类枝组也难以培养，因此，要加大疏枝力度，经过 3~4 年，按前述的“五去五留法”疏去过多大枝，并按适宜的枝间距，调整枝组的分布与密度。让枝组丰满而不密，生长健壮，结果优质。如图 3-72 所示。

对密生外围新梢、密生枝组、竞争枝、徒长枝等，应酌情疏除，以改善内膛光照，集中营养，促进树势中庸健壮，结果正常，成花适量。

通过上述疏枝，从根本上解决了枝多、枝密光照差等问题，将郁闭树冠变成通透型树冠，使树冠内无枝叶寄生区，大部分枝叶成高光效状态，光强保持在自然光的 50%~70%，保证采前果果见光，着色艳丽。

5.基本上不留背上直立强枝、徒长枝和大枝组

首先，背上枝，易生长强旺，对主侧枝或拉平枝的正常延伸和生长势的保持有牵制作用，如果控制不及时，几年之后，还可能长成“树上树”，恶化冠内光照。其次，这些枝上结的果实，尤其是红富士苹果，偏斜果率高，一般歪果率达 60%左右，影响外观质量。因此，要对背上旺枝进行管理，靠近中央领导干 20cm 以内者疏除，20cm 以外可利用者，拉到两侧空缺处，缓势，促花，结果，如果利用得当，增产潜力很大。我们在山东省莱西县店埠基地，新红星苹果 4 年生幼树，平均单株拉枝 40 多条，曾创造了每 667m^2 产苹果

▲图 3–72　基本采用疏枝法修剪

3 361.5kg 的世界纪录。对背上枝可采取扭梢、摘心、按倒、疏除、长放等 5 种办法处理。但是，若把背上枝全部疏除或全部压倒（疏枝、扭梢、拉倒），还会逼迫背上芽再萌生徒长枝，去一茬，又冒一茬，“压而不服”，事倍功半，所以，背上还要适当保留一些生长中庸的中小型枝组，以防冒条和防止果实、枝干日灼。

6.基本上用角度调节枝势和树势

拉枝开角是极为重要的修剪技术，此项技术对控制枝势、树势、缓势、促花、结果和改善树冠光照等的效果十分明显，“角度意味产量和效益”一点不假。

在整形阶段，首先要求将各级骨干枝拉到规定的角度，树冠越小，开张角度越大，如主干疏层形基部三主枝开张角度为 50°~60°，小冠疏层形基部三主枝开张到 60°~70°；自由纺锤形下层小主枝开张到 70°~80°；细长纺锤形下部侧生分枝开张到 80°~90°；主干形（松塔形等）下部侧生分枝（枝组）开张到 90°~100°。

就一株树来说，越往上层，主枝或侧生分枝的开张角度越大，这有利于稳定和平衡树势，保持良好的树形轮廓，如细长纺锤形，为防止上强和树冠太高，侧生分枝开张角度不一：下层为 80°~90°，中层 90°，上层 90°~110°。如图 3–73 所示。

在盛果期树上，虽然拉枝任务不及幼树期重，但也有用角度调节枝势、树势和树冠范围的必要，对拉下的枝，主要是控制角度不上翘，对其局部背上芽进行芽后刻伤，抑制其发枝与长势也值得重视。

温馨提示

在生产上，常有拉枝不到位，不及时，上拉下不拉，小树拉枝，大树不拉枝，拉枝不规范等问题存在，应引起重视。及时、适时拉枝，不但做到够长就拉，而且拉到各树形要求的合适角度，是保证连年丰产、优质的整形措施之一。

▲图 3-73　生长季拉枝及拉枝整形结果状

7.基本上不搞“戴帽剪”

所谓“戴帽剪”就是在春秋梢交界处或年痕处选瘪芽短截。生产上有“戴活帽”(在春秋梢交界处以上 5~7cm 留瘪芽剪),或“戴死帽”(在春秋梢交界处或年痕处留瘪芽剪)两种。

“戴活帽”剪后,顶部瘪芽可发出几个中、长副梢,少量可成花。“戴死帽”剪后,剪口下可发出几个中短枝,均呈轮生状。这种剪法在一些果区较盛行。其不足之处是剪法比较烦琐,使长枝变短枝,枝轴缩短将近一半,不利于形成单轴、细长、斜生、下垂、松散型枝组。局部发枝多,易造成郁闭,枝条细弱,果个小,果实易偏斜。因此,建议不搞“戴帽剪”。

8.基本不搞齐花剪(也称花上剪)

该种剪法相当普遍,枝条长放后,易形成较长的串花枝,为了提高坐果率和获得大果,常在其适当部位进行缩剪,少留几个花芽,可减少花果负担,提高花朵坐果率。但这种剪法的不足之处不仅是操作比较烦琐,逢枝就缩,工作量大,而且能显著减少(多在50%以上)单枝枝量、叶数、总叶面积和结果预备枝数,极易出现结果大小年的恶果。另外,由于缩剪后枝轴缩短,不利于形成单轴、细长、松散型下垂枝组,所结果实偏果率高。所以,对串花枝不宜缩剪,而应长放不截,根据其实际负载能力,适当留花、留果。在保证结果的同时,能形成足够的花芽,为连年稳产奠定基础。当然这不是绝的,当串花枝太长、太弱时,也可于后部良好分枝处回缩。

尽管基本剪法有上述 8 种,归纳起来,主要剪法只是疏、放、拉三种,其余剪法运用不多。疏、放、拉的手法,操作起来方便、快捷。一个较熟练的修剪能手,采用锋利的剪锯,一天可修剪数十株结果树。经过几年树体改造的树,树体有了良好的骨架基础,每年只是调整各类枝组的部位、密度和生长势,修剪更加省力和简化,每人每日工作 6~7h 可修剪 667m^2 果园,劳动效率可提高 1 倍以上。生产效率高,树体反应稳,通风透光好,果品质量优,市场销售快,经济效益高。总体来讲,这种剪法好懂、易学,省工省时,树势稳定,中庸健壮,优质稳产,应用于红富士苹果树上,效果更佳。我们近 10 余年来,在山东、山西、河北、河南、陕西、辽宁、北京等地基地上,推广此修剪整形手法,受到专业户的普遍欢迎。

每次剪下的枝条, 可用枝条收集和粉碎机械粉碎后覆盖在果园地面或埋于果树行间作肥料用。如图 3-74 所示。

▲图 3-74　枝条收集和粉碎机械

八、苹果整形修剪的问题及对策

（一）整形修剪中常见问题

1.主干过低

如图 3-75 所示。

▼图 3-75　主干过低

2.主枝过多

如图 3-76 所示。

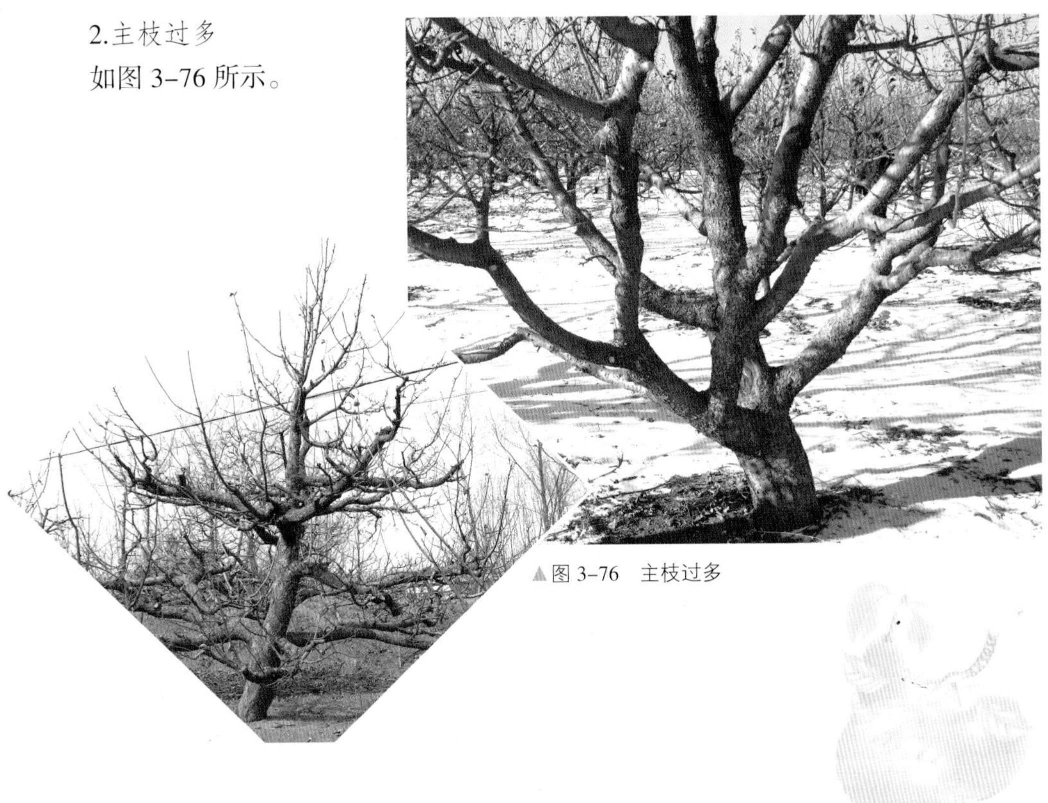

▲图 3-76　主枝过多

3.把门枝过多、过大、过低

如图 3-77 所示。

▼图 3-77　把门枝多

4.主侧枝不明显

如图 3–78 所示。

▲图 3–78　主侧枝不明显

5.轮生枝过多

如图 3–79 所示。

▼图 3–79　轮生枝多

6.截缩过多

如图 3-80 所示。

▲图 3-80　截缩过多

7.竞争枝作主侧枝

如图 3-81 所示。

▼图 3-81　竞争枝多

8.留腐烂橛

如图 3-82 所示。

▲图 3-82　留腐烂橛

9.留上树桩

如图 3-83 所示。

▼图 3-83　留上树桩

10.落头不当

如图 3-84 所示。

▼图 3-84　落头不当

11.主侧不分

如图 3-85 所示。

▶图 3-85　主侧不分

12.背上枝和枝组过多、过大

如图 3-86 所示。

▼图 3-86　背上枝太多

13.背下留枝

如图 3-87 所示。

▲图 3-87　背下留枝

14.留枝不壮

如图 3-88 所示。

▲图 3-88　留枝不壮

15.枝组弱

如图 3-89 所示。

▼图 3-89　枝组不壮

16.留三杈枝

如图 3-90 所示。

▲图 3-90　三杈枝

17.多头领导

如图 3-91 所示。

▼图 3-91　主次不分，多头领导

18.其他

背上枝连疏。只冬管，夏不剪。连年环剥主干。旺树重剪。弱树轻剪。

(二)改造措施

1.疏除低位大枝

如图3–92所示。

▲图3–92　疏除低位枝前后

2.疏除把门大侧枝

如图 3–93 所示。

▲图 3–93　疏除把门大侧枝

3.疏除竞争枝

如图 3-94 所示。

图 3-94 疏除竞争枝

4.疏剪过大侧枝

如图 3-95 所示。

图 3-95　疏剪过大侧枝

5.疏除双杈枝

如图 3-96 所示。

▲图 3-96　疏除双杈枝

6.疏除三杈枝

如图 3-97 所示。

图 3-97　疏除三杈枝

7.疏剪轮生枝

如图 3-98、图 3-99 所示。

▲图 3-98　疏剪轮生大枝

◀图 3-99　疏剪中心干延长头

8.疏除直立强旺枝或枝组

如图 3-100 所示。

图 3-100　疏除直立强旺枝或枝组

9.疏除密生枝或枝组

如图 3-101、图 3-102 所示。

图 3-101 疏除密生枝

▲图 3-102　疏除密生枝组

10.疏除背下枝

如图 3-103(A、B)所示。

▲图 3-103A　疏除背下枝

▲图 3-103B　疏除背下枝

11.疏除重叠枝

如图 3-104 所示。

▶图 3-104　疏去重叠枝

12.疏剪排骨枝

如图 3–105 所示。

▲图 3–105　疏剪排骨枝

13.疏除肘形枝

如图 3–106 所示。

▼图 3–106　疏除肘形枝

14.疏剪躺卧枝

如图 3-107 所示。

▲图 3-107　疏剪躺卧枝

15.疏剪病虫枝

如图 3-108 所示。

▼图 3-108　疏剪病虫枝

16.疏木桩、木橛

如图 3-109、图 3-110 所示。

图 3-109 疏木桩

疏后

图 3-110 疏木橛

17.疏除夹生枝

如图 3-111 所示。

▶图 3-111　疏除夹生枝

18.废除齐花剪和戴帽剪

如图 3-112、图 3-113 所示。

▼图 3-112　齐花剪反应　　▼图 3-113　戴帽剪反应

19.其他

疏剪交叉枝，疏剪盘龙枝，疏除断裂枝，疏剪过长、超高枝，疏除圈枝，疏除衰弱枝。

第五节　土壤管理制度

一、生草制

（一）常用草种

果园生草草种主要有白三叶草、黑麦草、百麦根、百喜草、紫羊弧茅草、高羊弧茅草、草木樨、毛苕子、扁茎黄芪、小冠花、鸭绒草、早熟禾、野燕麦等。

（二）生草模式

生草模式包括人工生草和自然生草两种。人工生草多在3~4月和8~9月播种。墒情好时采用撒播；墒情差时，采用带水浅沟播种，并覆盖地膜。自然生草即在剔除恶性杂草的基础上，利用果园的自然杂草进行生草栽培。我国目前果园生草栽培多为自然生草，此种生草栽培可大大节省人力、物力和财力。如图3-114~图3-118所示。

▼图3-115　甘肃天水自然生草

▲图3-114　河南二仙坡自然生草

▲图 3-116　新西兰行间生草

▲图 3-117　山东烟台自然生草

▲图 3-118　法国行间生草

(三)生草的管理

种草后,遇到下雨,应及时松土。逐行查苗补苗,达到全苗。对于稠苗应及时间苗定苗,可适当多留苗彻底清除杂草。在生草后的2~3年,增施氮肥10%~15%,生草3年后,肥料的投入减少15%。生草后要定期刈割,控制草体生长高度不超过30cm,留草高度为8~10cm,用割草机把草刈割,铺于树盘内作为绿肥,每年可刈割4~6次。为提高生产效率,节省劳力,降低用工成本,可利用割草机割草。如图3-119所示。

▲图3-119　割草兼喷除草剂机

二、覆盖

果园覆盖具有保土蓄水、扩大根系分布层、提高土壤肥力、稳定地温、灭草免耕,节省用工、防止土壤泛盐、有利于土壤动物和微生物活动、减轻某些病虫害等作用。覆盖材料可因地制宜选用,可用地膜、作物秸秆、杂草、花生壳等。如图3-120~图3-125所示。

▲图 3-120　地膜覆盖

▼图 3-121　秸秆覆盖

▲图 3-122　炭化稻壳覆盖

▼图 3-123　甘肃静宁石子覆盖果园（吕德国提供）

▲图 3-124 果园全园覆盖麦秸(吕德国提供)

▲图 3-125 草下土壤湿润

三、起垄栽培

在土壤黏重、通气不良、地下水位高、排水不良的地方建园时，宜采用起垄栽培方式。如图 3-126~图 3-128 所示。

▼图 3-126 起垄立架栽培

▲图 3-127　起垄栽培，行间生草

▼图 3-128　起垄栽培，行内覆草

第六节 施　　肥

一、施肥途径

主要包括土壤施肥、叶面喷施、枝干涂抹或注射等方式。如图 3–129、图 3–130 所示。

图 3–129　枝干涂抹

图 3–130　施肥枪

二、施肥方法

（一）沟施

依树冠大小、施肥数量、肥料种类确定所挖沟的形状、深浅、长短和数量。施肥沟的形状有半环状、环状、条状、放射状等。如图3-131所示。

▲图 3-131　幼树环状沟施基肥

（二）穴施

在树盘内距树干一定距离挖穴，进行施肥。穴大小、数量因树及施肥数量确定。如图 3-132 所示。

▼图 3-132　穴施追肥

（三）全园撒施

当果园根系布满全园时，在距树干 0.5m 以外，往地面均匀撒施肥料，之后浅耕耙平。施肥机械如图 3-133 所示。

▲图 3-133 施肥机械

（四）肥水一体化

随灌溉水流将易溶于水的肥料溶于水中，或通过喷、滴、渗灌系统，将肥液喷滴到树上、地面或地下根层内。

（五）喷布法

果树需要的中、微量元素常用此法补施。使用时注意喷施浓度，防止灼伤叶片。塔式喷雾机如图 3-134 所示。

▼图 3-134 塔式喷雾机

(六)注射法

用强力树干注射机向树干进行注射施肥;用输液法进行树干输液。采用施肥枪向根际周围土壤施肥。

(七)枝干涂抹

将肥料配制成一定浓度,涂抹于果树枝干之上,宽度80~100cm。

三、施肥种类

按无公害、绿色、有机食品标准进行生产,肥料完全采用国家允许使用的肥料。

(一)农家肥

有堆沤肥、沼气肥、绿肥、秸秆肥、泥肥、饼肥、圈肥、畜、禽昆虫(家蚕)粪便等,必经充分发酵腐熟后才能使用。

(二)化肥

有"三证"的各种商品肥料。腐殖酸类肥,微生物肥,有机无机微生物复合肥,无机肥,有机肥和无机肥的混合肥等。

(三)其他肥料

不含合成添加剂的食品,纺织工业的有机副产品,不含防腐剂的鱼渣、家禽、家畜加工废料,糖厂废料等制成品,经农业部门登记、允许使用的肥料。

(四)几种新型肥料

1.天达2116

天达2116是植物细胞膜稳态剂,该产品是一种天然、无毒、无残留、无公害、无污染、无毒副作用的绿色环保产品。由山东大学生命科学院研制、山东天达生物制药股份有限公司生产。它是利用现代生化技术,融合了海洋生物活化物质、细胞膜稳态物质、诱导抗病物质以及果树所需的微量元素、维生素、钙和氨基酸等23种成分,具有增产、优质和提高抗病、抗逆性的效果。该产品已通过山东省鉴定。

2.龙飞大三元有机无机生物肥

该肥是河南省三门峡龙飞生物工程有限公司,在中国农业科学院、中国农业大学等科研单位帮助和指导下研发的一种新型肥料。它集有机肥、生物肥和化学肥料为一身,含有≥25%的有机质、22.5%左右的氮磷钾营养和从日本引进的有益微生物菌群酵素菌(≥0.20亿个/克),较好地体现了现代施肥理念,使肥料具有高产、优质、减轻病害和养地四大功能。该肥采用双颗粒包膜缓释技术,加之把有机肥肥效长、化肥见效快和微生物挖潜土壤矿质营养、增加土壤速效养分的优点融于一体,使肥效发挥均衡持久,既提高了肥料利用率,也解决了作物生产中经常出现的前期肥足旺长、后期脱肥早衰的矛盾。用于果菜和粮食作物上都表现出很好效果。果树长势健壮,不冒条、叶片厚、大小年不明显,上色好看,口感香醇;蔬菜重茬病害轻,商品性好;粮食早熟丰产,比重大、品质好。2007年9月1日获中国绿色食品发展中心审核,准予使用绿色食品生产资料证明商标。

该系列肥料中的有机生物肥，有机质含量 25%，有益微生物菌种达 20 余种，对改良土壤形成团粒结构，增加有机质含量，提升土壤缓冲能力，挖潜土壤矿质营养，增加土壤速效养分，消除或减轻作物根际土传病害，提高农产品品质效果很好。2011 年 9 月 5 日该肥经中国有机产品部门审核，获有机生产投入品认定证书。

该系列肥料中的土壤改良剂，有益微生物菌群数量更多，有酵母菌、放线菌、有益细菌、曲霉、毛霉等，可加速土壤有机质循环，促进团粒结构形成，增加土壤速效养分含量，降解农药残留，消除和抑制根际病原物繁殖，能有效减轻作物重茬病危害，对因根部病害而衰弱的结果树连续使用可恢复健壮生长，延长结果年限和树体寿命。

龙飞大三元系列肥料，如图 3-135 所示。

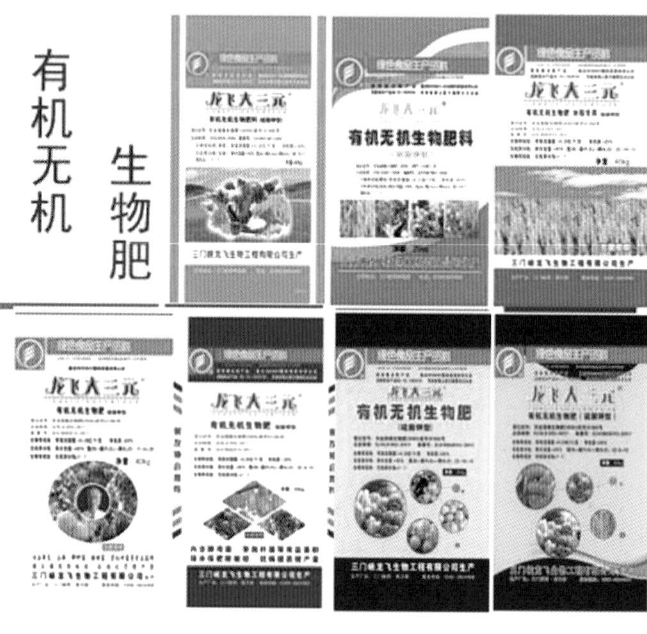

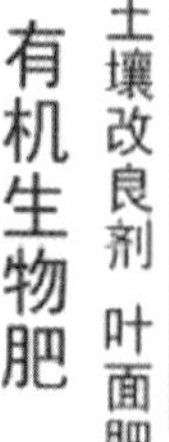

图 3-135　龙飞大三元系列肥料

3. 蒙鼎底肥

北京丰民同和公司生产的微生物有机肥蒙鼎底肥，科学复配优质腐植酸、生物有机质、有益微生物及大、中、微量元素和活性生物因子等养分，是植物最全面的营养“套餐”，可彻底替代各类农家肥，其肥效可达220天。

根据中国农业大学资源学院的测算，中国化肥的利用率只有20%~30%，世界发达国家化肥的利用率为70%。换句话说，目前我们投资100kg化肥，果树只能吸收20~30kg，造成浪费严重的根本原因在于土壤中的微生物严重匮缺。长期以来，果农普遍认为肥料泛指化肥，而忽视了“植物直接吸收的养分只占所需养分的很少一部分，绝大部分养分只有在微生物分解作用下才能吸收利用”这一基础常识。科学家称，21世纪是生物世纪，生物技术已广泛应用到农业的各个领域。蒙鼎底肥的诞生，可以说是施肥技术的一场改革。果树通过蒙鼎底肥和化肥合理配比施用，大大提高了肥料利用率，对确保果品优质高产起着关键性作用，经济效益大幅度提高。

（1）活化土壤，增肥地力　打个比方，蒙鼎底肥中的活性菌就像我们蒸馒头发面的酵母菌，几个小时后体积就会涨数倍。因而施入蒙鼎底肥，可使土壤疏松不板结，激活土壤潜在养分，提高土壤保水、保肥、通气性能，达到增肥地力和提高果树根际生产能力的目的。

（2）促进转化，减少投入　蒙鼎底肥中的固氮生物菌能将空气中的自由态氮转化为果树可直接吸收的有效氮，磷细菌能逐步分解被土壤固化的磷灰石和磷酸三钙以及有机磷化合物，释放出速效磷（P_2O_5）。我国北方土壤成土母质含钾十分丰富，每667m^{2}耕层中（20cm）含1 500~4 500kg，但这些钾绝大部分存在于长石、云母类原生矿物中，不能被作物直接吸收，蒙鼎底肥中的解钾细菌，能够分解此类矿物并释放可溶性钾到土壤溶液中被作物利用。可见，合理施用蒙鼎底肥，可以减少化肥用量，达到节本增效的目的。

（3）以菌抑菌，增强抗逆　果树长期固定在一块地上，年复一年的生长收获，出现缺素和土传病害（如根腐病、病毒病等）的现象日趋严重，轻则减产降质，重则烂根死树。蒙鼎底肥内含大量的有益活性菌群，能加快对土壤养分的释放速度，平衡营养，激活释放潜在的短缺营养。同时，生命极强的有益菌群能与根系建立完善的生态平衡系统，阻止、抑制有害病原物，使土壤中有害病菌、病毒、抗生素分解转化，恢复土壤原有活性。因此，果农称蒙鼎底肥为“抗重茬肥料”或“清根排毒素”。

（4）环保提质，增加效益　蒙鼎底肥的诞生，从根本上解决了现代农业的化肥、农药污染问题。强大的有益菌群首先能修复净化土壤，降解土壤中的病原菌、重金属、抗生素及盐类化合物的功能，还无公害、绿色、有机食品生产一个净化无害的环境。其次，强大的有益菌群还能从环境、土壤中转化果树所需的各种养分，提高果实糖分，果实颜色鲜亮，一级果品率高，效益大增。

（5）施肥方法　用量要根据结果树产量水平来确定。

1）结果大树　每棵施用蒙鼎底肥3.5kg+三元复合肥2kg+蒙鼎微生物配肥复合菌剂100g。在树冠外围稍远处挖深30cm、宽30cm、长50cm的放射沟，施肥后覆土浇水。

2）初结果幼树　每棵施蒙鼎底肥5kg+三元复合肥2kg+蒙鼎微生物配肥复合菌剂

100 克,施肥的位置以树冠的外围 0.5~1.5m,开宽 20~40cm、深 20~30cm 的沟,将肥料与土壤适度混合后施入沟内,再覆土浇水。

上述施肥配方适合于苹果、梨、桃、樱桃、葡萄等果树。

4.M-JFN

M-JFN 是美、日生物工程专家研究的重大课题,对 21 世纪农、林、牧业生产有着深远的意义。此项目的开发与应用,标志着世界农业的发展水平已经进入了一个新时代。

M-JFN 内含微量元素、纯天然超强抗逆基因生物活性因子、深海生物提取物、抗逆免疫物质(植物疫苗)、光合增强剂、天然速效植物生长调节物质、抗病毒剂及生物活性肽等。果树喷施后能迅速启动植物的抗逆基因,诱导激活植物体内的免疫系统,抗低温、防冻害,壮根、促长、保花、保果,增强光合作用,促进果实迅速膨大,果实着色均匀,提高一级果率。

果树开花坐果需要大量补充营养,恢复树势。所以,花前浇水结合冲施蒙力 28,花序分离期喷 M-JFN 能快速补充营养,使叶片增大,坐果率提高,而且防冻。

凡是花序分离期喷 M-JFN 粉的果树,叶片大,叶色黑亮,果实高桩,果个大。叶片大小决定了总叶面积大小和叶功能高低,也决定了果个能不能长大。谢花后 40 天喷 M-JFN,促进幼果细胞分裂。谢花后 40 天内细胞分裂数量越多,这个苹果就越能长大;因为 40 天后细胞数量不会再增加,只会增大。M-JFN 不但是果树生产的最佳喷施肥料,而且是果树冻害的防护剂。M-JFN 的防冻原理为:诱导植株产生抗冻因子,激活生物酶,调节细胞膜透性,增加细胞膜的稳定性,提高细胞质浓度;杀灭冰核细菌和阻止其繁殖;抑制和破坏冰冻蛋白成冰活性,增加热量,阻止结冰;从根本上提高果树对低温冻害的抵抗能力。喷施后在果树表面形成一层保护膜,增强保水和抗冻能力,减轻冻害对果树的伤害。

由于 M-JFN 含有多种活性有机营养物,受冻后喷于果树,能较快地减轻灾情,冻害康复快。该产品对果树的花芽、花蕾、花、幼果、幼叶及嫩梢等都有防冻作用。早春花芽膨大后就可喷施(喷后 4 小时即可发挥防冻作用),因为早春的持续低温,尤其是倒春寒,不但能冻坏花蕾,而且还能造成果树僵芽,到花期时无花可开,导致减产或绝收。

当气温降至 0℃以下时,可使果树关闭气孔,阻止冷空气进入体内;提高细胞原生质的浓度,黏度加大、细胞的性能稳定;内含的营养元素被吸收后,降低结冰点;喷洒于果树枝干上后固化成膜,就像给树体穿上棉衣一样,抑制自身热量的散失,从而发挥防冻作用。气温回升至 0℃以上时,膜衣软化成液态,作物恢复常态。如已发生冻害或寒害,及时补喷,受冻后能否补救,要看受冻的程度。花芽受冻后形成僵芽,不能补救。花朵受冻后,若子房没有变褐,可以补救;若子房已经褐变,则不能补救。秋末冬初幼果受冻后,若果肉已变色萎缩,则不能补救;若果肉新鲜未变色,只是果仁变褐,则有补救的可能。缓解冻害减少损失,迅速恢复生长。防冻原理有四点:①内含的防冻剂可以增强树体的抗寒性,在一定的低温范围内帮助花蕾、花朵、子房、幼果、幼芽及幼叶等幼嫩组织安全渡过霜冻。②内含的延缓剂可以抑制秋梢生长,减少树体养分消耗。③喷施后,叶绿素

含量增加，光合速率增长，光合产物提高，树体储藏养分大幅度增加，花芽质量明显提高。④内含的10多种营养元素使细胞液浓度提高，冰点降低。以上四点的有机结合和共同作用，可以使果树的花和幼果在-3~4℃的低温下，免遭冻害或受冻较轻，具有恢复生长的作用。

5.蒙力28

该肥料由北京丰民同和国际农业科技发展有限公司生产。以原油腐殖质、黄腐殖酸、氨基酸及锌、铜、铁、硼、钙、镁等中、微量元素为基料，科学复配植物所需的生物调节剂及进口抗逆营养生长粒子物质，利用高新螯合技术而成。用于果树涂干、穴施、冲施后，能促进果树皮层或根部直接吸收，并迅速传导，可增强光合作用，平衡果树对各种养分的吸收，使根系、叶片、株体生长旺盛。

6.高效活性有机菌肥

该产品由江苏省徐州盈丰佳园生物技术有限公司生产。其中含速效氮、磷、钾≥6%，有机质≥35%，有益活性菌2亿个/g，及中微量矿质元素、氨基酸、缓控释剂。

该肥料养分齐全，速效、缓效与长效相结合，肥效高。具有改良土壤团粒结构，抗重茬，促生根和增强光合作用能力；降解土壤中的农残毒素，减轻盐碱，增加农作物蛋白质和氨基酸含量，提高产品质量等作用。

7.宗源生物有机肥、复合微生物肥

宗源系列生物肥料是由中国科学院等多家科研单位共同研发、由河南省焦作市宗源生态产业有限公司生产的新型肥料。焦作市宗源生态产业有限公司隶属河南龙昌集团，目前是河南省较大的生物肥料专业生产企业。是国家农业项目测土施肥定点企业、全国质量信得过单位、全国重质量守信用AAA级品牌企业、全国质量管理协会会员单位、中国绿色无公害环保型肥料、全国功能肥料协会常务理事单位、河南省肥料协会常务理事单位、农业产业化龙头企业。技术依托中国农业科学院、英国国际格瑞生物技术控股有限公司，主要从事生态有机肥、生物有机肥、复合微生物肥、有机无机复混肥、生物菌剂等系列产品的研发与生产。

该系列肥料运用中国农业科学院的高端产品配方，及国际先进的英国微生物应用技术，针对不同农作物需求，添加有机质、矿质营养元素（多种大、中、微量元素）和生物农药，保证了微生物活性，是一种集有机、无机、生物菌、中微量元素、生长调节剂于一体的全营养型肥料，含氮磷钾25%、有机质以上20%、复合微生物菌群0.2亿个/克以上。其产品特点是：

（1）增进土壤肥力　肥料中含有的固氮菌，能将空气中存在的分子氮转化为可吸收利用的离子氮，而解磷、解钾菌能将土壤里固态养分分解出来供作物所利用。

（2）产生植物激素，促进作物生长　肥料是微生物在其发酵过程中会分泌大量的赤霉素和细胞分裂素等，这些物质在与作物根系接触后，会刺激作物生长，调节作物新陈代谢，起到了增产的效果。

（3）营养全面，抗旱抗病，促进生长　改良土壤结构，松土保肥，增强农作物抗旱能

力。肥料中的微生物在农作物根部大量的生长、繁殖，成为作物根际的优势菌群，由于它们的生长、繁殖，抑制和减少了病原菌的繁殖机会，从而起到了减轻作物病害的作用。肥料中的有机质和腐殖酸，可调节作物气孔开放度，大大提高了作物的抗旱能力。

(4)改善作物品质，降低硝酸盐及重金属含量　果树、蔬菜施用宗源生物肥后，根系发达，树干粗壮，叶片肥厚，果实色泽好，果形美观，含糖量高，口感好，丰产优质。大田作物施用后，增产增收、效果显著，深受广大用户好评。

四、施肥量

(一)有机肥

一般按果肥比 1:(1.5~2)的比例增施有机肥，如红富士苹果每 667m^2 产量 2 000~3 000kg，则应分别施用优质农家肥 3 000kg 和 4 500kg 作基肥。

(二)化肥

作为基肥的补充来用，10 年以上树龄每次每株施追肥 250~500g，一般每年追 2~3 次即可，追氮、磷、钾肥比例因果区、树龄、追肥时期而不同。西北黄土高原苹果产区施氮、磷、钾的比例为 1:2:1，渤海湾苹果产区为 1:1:2。

第七节　灌溉与中耕

一、果园微灌系统

微灌，是按照果树需求，通过管道系统与安装在末级管道上的灌水器，将水和果树生长所需的养分以较小的流量，均匀、准确地直接输送到果树根部附近土壤的一种灌水方法。微灌具有省水、省工、节能、灌水均匀、对土壤和地形的适应性强等显著优点。但是，微灌系统投资一般远高于地面漫灌；灌水器出口很小，易被水中的矿物质或有机物质堵塞，如果使用维护不当，会使整个系统无法正常工作，甚至报废。

（一）类型

分为地表滴灌、地下滴灌、微喷灌、涌泉灌 4 种类型。

（二）组成

典型的微喷灌系统通常由水源、首部枢纽、输配水管网和喷头四部分组成。如图 3-136~图 3-138 所示。

▼图 3-136　国内微喷灌系统

▲图 3-137　韩国微灌系统

▼图 3-138　新西兰微灌系统

1.水源

江河、渠道、湖泊、水库、井、泉等均可作为微灌水源，但其水质需符合微灌要求。

2.首部枢纽

包括水泵、动力机、肥料和化学药品注入设备、过滤设备、控制器、控制阀、进排气阀、压力流量量测仪表等。

3.输配水管网

输配水管网的作用是将首部枢纽处理过的水按照要求输送分配到每个灌水单元和灌水器，输配水管网包括干、支管和毛管三级管道。毛管是微灌系统的最末一级管道，其上安装或连接灌水器。

4.灌水器

灌水器是直接施水的设备，其作用是消减压力，将水流变为水滴或细流或喷洒状施入土壤。

二、肥水自动化装置

（一）技术路线

微喷（滴灌）的技术路线是机井—泵房—施肥系统—过滤系统—量水装置—主管道—支管道—毛细管—喷头（滴头）。

1.毛管与灌水器布置

小管出流灌毛管沿等高线布置，每行树布置1条毛管，毛管间距与果树行距相同，埋深30~40cm。

管上式滴灌毛管沿等高线布置，每行树布置2条毛管，每棵果树4个滴头。

微喷灌毛管沿等高线布置，每行树布置1条毛管，埋深30~40cm，喷头的喷射直径按照行距调节水压。

水肥一体化设备与应用如图3-139所示。

▼图3-139　水肥一体化设备与应用

（二）水肥一体化施肥方法

计算每个等高线上的滴头（喷头）每个小时的出水量，根据坡度、出水量的要求，将不一致的调节成一致，根据灌溉量调节灌溉时间。施肥伴随灌溉一起进行。将溶化好的肥液输入到输水管道，然后与灌溉用水同时输入到轮灌区，灌溉的前几个小时以施肥为主，施肥结束后，继续灌溉，将管道及灌溉设施内的肥液冲洗干净，以防肥液及杂质腐蚀设备。

（三）施肥量

根据土壤测试结果确定施肥的种类，根据苹果产量确定肥料的使用数量。具体施肥主要采用灌溉施肥与传统施肥相结合的方式，即苹果收获后(落叶前)将全部有机肥和1/2 的速效氮肥（N）、速效磷肥（P_2O_5）以及 1/3 的速效钾肥（K_2O）作基肥施入，其余化肥在翌年根据苹果不同生育时期对肥料的需要分 2~3 次进行灌溉施肥（3 月下旬、5 月下旬、9 月上旬）。

三、触感式中耕

在运行中，中耕器遇到树干就缩回去，越过树干后再伸进株间中耕除草。如图 3-140 所示。

▲图 3-140　触感式中耕机械

第八节 花果管理

一、促花技术

(一)采取矮化砧(矮化中间砧)栽培

利用矮化砧木栽培模式,成花早、成花多,较乔砧栽培可提早结果2~3年。

(二)采取促花修剪技术

利用拉枝、摘心、环割等技术促进花芽分化,效果明显。

(三)利用生长调节剂促花

利用PBO、碧护等生长调节剂,促进花芽形成及花芽饱满,质量好。

(四)利用紫色膜促花

国外通过采取树行内铺紫色反光膜,可增加紫外线反射量,促进成花。如图3-141所示。

▼图3-141 铺紫色反光膜促花

（五）增施有机肥及磷钾肥

增施有机肥及磷钾肥，可显著提高成花率。

二、疏花疏果技术

（一）适宜负载量确定

1.花、果适宜负载量的确定

红富士、新红星等主栽品种开花多，坐果率高，加之人工辅助授粉、昆虫授粉和其他提高坐果率的措施，常严重超载，如果不严格疏花、定果，必然会导致严重超产，果小质差，大小年严重，经济效益不高。在一定的生态条件和管理水平情况下，一定的树体大小、营养水平，只能有一定的相应结果负载能力，超过或低于树体适宜负载能力，都会给树体带来各种不良后果，如果品质量优劣不一，成花量不稳定，树势强弱悬殊，病虫害加重等。因此，应因树、因地制宜，确定花、果适宜负载量，做到"定量生产、适宜负载、单果管理、确保全优"。当前，果品质量竞争日趋激烈，搞好此项工作，尤为必要。

确定苹果适宜负载量的方法有很多，如叶果比法、枝果比法、距离法、结果点法、副梢法、树冠投影法、按树定产法、枝距留果法、干截面留果法和干周法。上述留果法各有其优缺点和应用条件，当前生产上普遍应用的是干周法和距离法。

（1）干周法　即根据树干中部的干周长度确定单株留果数。该法由中国农业科学院果树研究所汪景彦研究员于20世纪70年代提出并推广应用，现已应用于定产、估产和控制果实负载量上。根据多年经验，疏花时应多留20%~30%的花朵数，留果数应加10%保险系数，但数量要准确。

为了便于果农掌握，红富士和新红星苹果树的留果数可通过干周法公式得出：

单株留果数=$0.2C^2$

式中：C为干周（cm数），0.2是计算系数。

例，量取某株树的中部干周长为40cm，其应留果数是：

单株应留幼果数=0.2×40×40=320（个）

若加10%的保险系数（考虑到风落果，人操作中碰落，套袋后日灼损伤等）则为：320+0.1×320=352（个）

（2）距离法　比较实用，有助于果实均匀分布。大量生产实践表明，新红星和红富士的果间距分别为20~25cm和25~30cm。在操作中，要因树势、果量、管理水平、砧—穗组合等而灵活掌握。红富士树，强树、强枝每25cm留1个果，弱枝每30cm留1个果。在用干周法确定出适宜负载量后，再用距离法均匀地分布全树各枝组和结果枝上。

（二）人工疏花疏果

1.优点

是克服大小年结果现象和提高果品质量最稳妥、最有救的措施。

节省大量养分，提高坐果率，改善果实品质，利于早长叶，早成花，"以花换花"。

增强树体抗性，特别是抗病、抗寒能力。

可择优留果。与药剂疏除法相比，人工选择性强，虽然人工疏除太费劳力，但能细致而精确地疏除弱花，弱枝上的小果，病虫花、果，畸形花、果，密生花、果，位置不当花、果，而保留分布均匀、方向合适、发育正常、果形端正、无病虫害的侧生下垂花、果，从而实现定量、优质、精品生产。

2.疏除时期

从节约树体养分角度来说，晚疏果不如早疏果，疏果不如疏花，疏花不如疏蕾，疏蕾不如疏花序。所以，生产上开始形成疏花序、疏蕾、疏花、早疏幼果四个步骤。近年来，在一些坐果率稳定可靠地区，采用“以花定果”，即一次疏除到位；而在花期天气不良，坐果不稳定地区，提倡轻疏花，晚定果，最迟应在盛花后 26 天疏除完毕，最早应在花后 10 天开始疏幼果工作。如图 3-142 所示。

▼图 3-142　人工疏花

3.疏除程序

先疏大年树，后疏小年树；先疏弱树、中庸树，后疏强树；先疏骨干枝，后疏辅养枝。在一株树上，先疏上部，后疏下部，先外围，后内膛，先疏顶花芽的花、果，后疏腋花芽的花、果。

为了使疏除工作有条不紊、准确可靠，最好是按“枝序”疏除，即按照树的发枝顺序，“枝枝必问，循序渐进”，不漏疏每个枝，如全树定量为 200 个幼果，操作时，将这些果量均匀地分摊到各个大枝、辅养枝上，一个枝一个枝地进行，忙而不乱。

4.疏除技术

（1）因品种疏　根据品种结果特点，先疏开花早、坐果率低的品种，后疏开花晚、坐果率高的品种，可按元帅系（短枝型品种在内）、乔纳金、王林、津轻、金冠系、富士系等品种依次进行。

（2）因树势、枝势疏　树势、枝势强者多留花、果；反之，少留。一般品种，短果枝多留，中、长枝少留。富士系普通型品种应多留中、长果枝上的花、果，少留短果枝上的花、果；多留侧向枝上的花、果，不留或少留朝天或背下的花、果，以利长成大果和端正的果。

（3）因适宜负载量疏　在花期天气不良时，疏花疏果要留有余地，一般要比适量多留20%左右的保险系数。待到果个已达小鸡蛋大小时，果实长得好坏、稀密、病虫害情况一目了然，再最后清查一遍，去除病虫果、密生果、小果、方向不适果，使树上留下的果，基本上达到理想状态，这样有利于提高套袋的成功率。

（4）留果原则　在一棵树上，骨干枝少留，辅养枝多留；弱枝少留，强枝多留；内膛少留，外围多留；骨干枝先端少留或不留；一个枝组上，留前疏后。待全树疏定果后，再绕树复查一遍，对漏疏和留果密的部位再行补疏。

（5）果丛留果数的确定　早熟、小型果以每丛留2~3个果为主，单果为辅；中型果以留双果为主，单果为辅（除果形易偏斜品种以外）；红富士苹果一定要留单果、中心果；国光品种精品果也要留单果，因为这类果实个大，端正，高桩。

在负载量相同条件下，每果台留中心果比留双果和三果的效果更好些，不但产量高，果个大，而且，当年成花多，果枝连年结果能力强（国光为46.5%，金冠为83.3%），有利于稳产。

对于果锈重的品种，如红玉、金冠等品种，其中心果果锈要比边果少，如金冠大果梗锈发生率：中心果和边果分别为32%和64%，中等果梗锈分别为30%和20%，因此这类品种宜多疏除边果，多留中心果。

（6）果枝的选择　果枝年龄、部位、方向和健壮程度对果实质量有一定影响。留果的果枝必须是健壮的，即有8~10片肥大的莲座状叶和有1~2个副梢，对于无果台副梢、只有4~5片小莲座叶的弱果枝上的幼果不必保留，即使当时果个不小，但后期也不会长大。一般以3~4年生基枝上所着生的果枝结果为主，随果枝年龄增加，果个变小，如红富士苹果的果枝年龄以<6年生为宜。多数品种以短果枝结果为主，且结果较好，但富士系普通型品种，印度和金冠的中、长果枝所结的果比短果枝上的果形更端正些。

另外，从骨干枝背下长出的果枝弱者多，即使不弱，也不利于着色；而在骨干枝背上的朝天果枝，所结果实为朝天果（倒逆果），着色仅限于萼端，采前易被风吹落，一般不用这些类型和部位的果实，应注意留有一定枝轴长度、结果后易呈下垂状或珠帘式结果枝。至于腋花芽果枝，往往开花晚、果小，多为肉质柄果和畸形果。初果期树或小年树，可利于其增加产量，而盛果期大树上则不需利用。可将其上花、果疏净。

（7）以花定果技术　该技术只适用于花期条件好、坐果可靠地区。其具体做法：在花序分离至盛花期，根据树势强弱，按距离法规定的距离（20~30cm）留1个优质花序，对

于保留下来的花序，疏除全部边花，只留中心花。

温馨提示

该技术必须具备下述条件：树势健壮、花芽饱满、开花势好，授粉树配置合理，采用人工授粉，经过树体改造和合理修剪，花期天气好，历年坐果可靠。在坐果不保险的果区，上法可稍加修改，即除留中心花外，还要留1朵边花，待坐果后，再从中选取中心果或只留边果，也可达到较理想的疏除效果。

(8)果实的选择　对果实的选择，多数果园不严格，尽量求多避少。精品果园，应严格选定果：应选留单果、大果、端正果、无病虫害果、无枝叶磨果、萼洼朝地果、果肩平整果和均匀果等8个标准的果。如图3-143所示。

▼图3-143　合理疏果

（三）机械疏花

苹果疏花机械，如图 3-144 所示。

苹果疏花（行间）设备　　　　苹果疏花（株间）设备

▲图 3-144　苹果疏花机

▼图 3-145　化学疏果效果

（四）化学方法疏果

喷布疏果剂，减少人工疏果。在法国和德国，一般在坐果后，果个直径发育到 1cm 左右时，喷布一次疏果剂，抑制边果发育，促进边果脱落，化学疏果代替了人工疏果，减少了果园管理成本。疏果剂产品名称是 6.Benzy-Ademine。

疏果剂效果受天气、树势、品种等因素影响较大，在使用疏果剂时，要在先试验的基础上再应用。化学疏果效果，如图 3-145 所示。

三、授粉技术

（一）壁蜂授粉

1.壁蜂品种

有凹唇壁蜂、角额壁蜂、紫壁蜂、圆蓝壁蜂和橘黄壁蜂等5种，生产上广为应用的是前3种。

2.壁蜂授粉效率

壁蜂的授粉效果好于一般蜜蜂。壁蜂起始访花的温度比蜜蜂低；壁蜂在白天12~15℃，开始出巢访花，可连续工作10h；壁蜂访花速度快，工作效率高，1min可访花10~16朵，是蜜蜂的2倍以上。

3.壁蜂管理技术

壁蜂管理，简而易行。成蜂于苹果花前陆续破茧出巢，活动期15天左右，访花采粉、采蜜，营巢产卵，不需人工饲养，也不需要移动蜂箱，又能躲开苹果花后至采前大量杀虫剂的杀伤，并且制作蜂巢简单，材料来源广，省钱。管理壁蜂技术易于为果农所掌握，这几年在苹果产区普及速度加快，效果十分明显。

温馨提示

一是提早栽种些开花作物。如萝卜、白菜等植物。

二是在蜂箱前做防水坑，在坑内用黏土和水，搅和成泥，以备壁蜂作巢壁用。

三是注意蜂箱防雨、防天敌。

四是巢管保存过程中注意防天敌侵害。

五是在壁蜂释放期间果园及果园附近禁止喷布杀虫剂和除草剂。

（1）蜂茧存放　为了确保壁蜂在花期访花，应于春季气温回升前，将越冬的壁蜂茧放入0~5℃条件下冷藏，12月至翌年1月，从巢管中取出蜂茧，清除天敌，将蜂茧装入罐头瓶中，每瓶可装500只左右，用纱布扎口，放入0~5℃的冰箱内储藏。

（2）箱巢制作　一种是用内径5~7mm的苇管，锯成长度15~16cm的小段，其一头留茎节，另一头开口，将开口端磨平。另一种方法是用纸卷巢管，内径6mm，管壁厚1mm，管壁太薄、透光，壁蜂会感到不安全，不愿在管内产卵，卷成纸管后，一端用胶水和纸封实，再粘一层厚纸片，上述巢管的管口，分别用红、绿、黄、白4种颜色染涂混合后，每50支扎成一捆，备用。

选用25cm×15cm×20cm纸箱或木箱，以25cm×15cm一面为开口，将6~8捆巢管，分为上、下两层摆放于蜂箱内。在苹果花前几天，将蜂箱安放妥当。

（3）田间设箱　首次释放壁蜂的果园，每30~40m设一蜂箱，箱内蜂巢越多，回收壁蜂也多越。当壁蜂数量增多后，可间隔40~50m加设一蜂箱。用支柱将蜂箱架起，固定好，使蜂箱底距地面40~50cm，上部设棚或包被塑料布防雨，也可用砖石、水泥砌成固定式蜂箱。蜂箱应选避风、向阳、开阔、无遮蔽处安放，巢箱口应朝东或南，以利壁蜂营巢。

（4）蜂茧释放　花前2天每667m²释放蜂茧100只左右。如图3-146、图3-147所示。

▲图 3-146　中国壁蜂授粉的蜂箱与蜂巢

▼图 3-147　日本壁蜂授粉的蜂箱与蜂巢

(二)蜜蜂授粉

在苹果开花期，每隔 300~400m 放 1 群蜜蜂(8 000 只)。利用蜜蜂授粉,园内一定要有配置合理的授粉树,并且在花期果园及果园附近禁止喷布杀虫剂和除草剂。

(三)人工辅助授粉

通过机械及人工方法采集花粉。授粉前从授粉树上采集含苞欲放和刚刚开放的花。剥出花药后放在纸上于 20~25℃条件下阴干。阴干后将花粉与滑石粉(淀粉)以 1:(2~5)的比例混匀,在刚刚开放花的柱头上进行人工点粉。

(四)专用授粉品种

在国外，栽植单一品种条件下,常用海棠作授粉树。如图 3-148 所示。

▲图 3-148　授粉海棠

四、套袋技术

(一)套袋时期

套纸袋应在落花 30~35 天结束;套膜袋应在落花后 15~20 天完成。如遇高温、降雨等特殊天气,适当延后,并且摘袋时间相应延迟。

(二)优质果袋选择

根据市场要求和经济基础选择果袋生产高档果品应选择优质高档双层纸袋,中档果套中档双层纸袋。因果定袋根据品种、果实大小等选择不同规格纸袋;红色品种选择内黑或内红双层纸袋;黄绿色品种可选择单层纸袋。因生态条件定袋,混合套袋。如图 3-149 所示。

(三)摘袋时期

根据品种特性、市场需求以及生态条件确定摘袋时期。

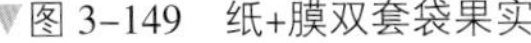

▼图 3-149　纸+膜双套袋果实

温馨提示

规范套袋技术；套袋前必须打药，防止黑点病、康氏粉蚧发生；喷药后 7 天内套完；避开高温干旱天气套袋，防止日灼发生；全树、全园套袋；注意套袋果实的补钙、补硼。套袋果实皮薄，容易造成枝磨，可利用泡沫垫防止。如图 3-150 所示。

▲图 3-150　利用泡沫垫防止果面枝磨

五、增色技术

（一）摘叶、转果、贴字

摘叶率控制在 14%~30%，距离果实 5~10cm 的遮光叶片全部摘除。

摘袋后，间隔 6~8 个晴天，完成转果，全果着色率达 92%~94%，树冠内、中、外围果实着色率可分别达到 37.2%、74.2%和 92.7%。如图 3-151 所示。

▼图 3-151　摘袋后摘除果实遮光叶片

实践证明,在果实上贴上诸如"吉"、"祥"、"如"、"意"、"福"、"禄"、"寿"、"禧"等吉祥语,或对一些具有特殊功能如"SOD"、"富硒"等果实,贴上标识,可明显提高销售价格。果实上贴字的最佳时期是摘除内袋后立即贴字。如图 3-152 所示。

▲▼图 3-152 果实贴字

(二)铺反光膜

1.铺膜时间

果实摘袋以后即开始铺设。

2.铺膜方法

密植园可在树行两侧各铺一长条反光膜，在稀植正方形栽植园，主要在树盘内和树冠投影的外缘铺大块反光膜。如图 3-153、图 3-154 所示。

铺膜前适当进行疏枝，整平地面，将反光膜平整铺设在地面上，用砖石或土块等压住反光膜边缘，以防被风刮走。铺膜后及时进行摘叶、转果、垫果，增加光照，使果面受光均匀。采果前将反光膜收起，洗净晾干后缠于板上，入库保存，待来年使用。

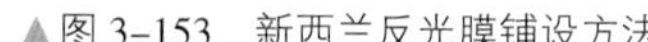
▲图 3-153　新西兰反光膜铺设方法

▲图 3-154　日本反光膜铺设方法

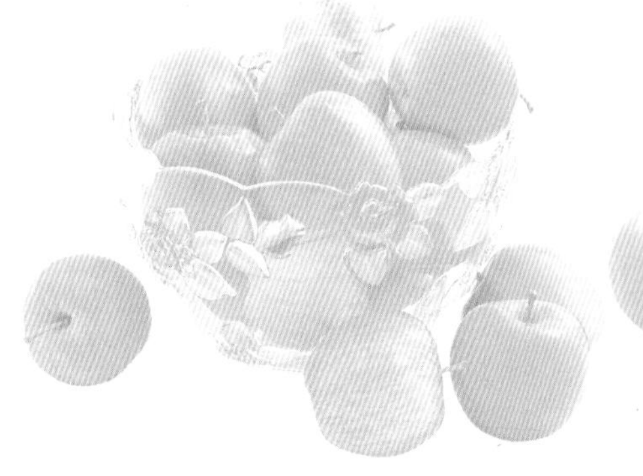

第九节 功能性果品生产

通过现代栽培技术，生产出富含生物保健功能的天然生态食品。近年，功能苹果发展很快，形成新的生产模式，成为果农致富的增长点，此类果品包装精美，销售价高，常作为馈赠佳品出现在市场上。

功能性果品生产主要通过叶面喷施、枝干输液法进行补充、增加功能性因子含量，从而形成特殊的苹果产品。其他生产管理参考常规生产。

一、常见功能性苹果的类别与保健功能

苹果营养丰富，是广大消费者喜欢的果品。过去吃苹果，主要是营养功能和视觉功能的需要，随着人民生活水平的提高，苹果被赋予了第三种功能——保健调节功能，即通过现代高新技术，生产出富含天然生物保健功能的苹果。可是生产功能性苹果，投入多，技术要求高，通常只有生产观念新、科技意识强、资金投入多的极少数果农进行此类生产。但随着影响的扩大，已带动了大面积果园的生产，如河南省三门峡市就发展了300多hm^2功能性苹果生产园。

（一）富SOD苹果

近20年来，各种SOD制品流行世界，如SOD片剂、SOD胶囊、SOD口服液、SOD饮料、SOD糕点、SOD化妆品等，深入日常百姓生活中。

近10年来，SOD水果、SOD果汁发展更快，并成为一个生产亮点，深受市场青睐。SOD苹果是我国首创，如图3-155所示。

1. SOD的定义

SOD是超氧化物歧化酶（英文Superoxide Dismutase）的缩写，它是一种普遍存在于人体、动物、植物和微生物中的蛋白酶。

早在1938年，英国科学家从牛血中分离出一种含铜蓝蛋白，但不知其具体功能与作用。1969年，美国DUK大学L. Fridovich教授和他的学生发现这种蛋白具有可以催化氧的自由基的歧化反应的功能，是生物体内防御机能中很重要的酶系，遂命名为超氧化物歧化酶。当时引起世界的普遍关注，掀起一股SOD研究热，主要进行的有SOD性质、分子结构、催化功能与机制等方面的研究。

▲图 3-155　富 SOD 果品与包装

2. SOD 与人体健康的关系

SOD 是机体内天然存在的超氧自由基转化因子，能把超氧自由基转化为过氧化氢和氧。尽管过氧化氢仍对机体有害，但过氧化物酶（POD）和过氧化氢酶（CAT）会立即将其分解为无害的水，这样三种酶便组成一个完整的除氧链条，因此，国际生化委员会和美国联邦食品管理局称 SOD 为“抗衰老因子”、“美容骄子”。我国卫生部早已批准 SOD 为延缓衰老的功能物质，法定编号：ECI.15.1.1；CAS［9054-89-1］。

目前，SOD 开发产品繁多，其中有：

（1）化妆品　如大宝、霞飞、诗碧 SOD 蜜，具有消炎、防辐射、抗衰老和祛雀斑等作用；日本的高级化妆品中均含有 SOD。

（2）营养品　SOD 口服液、SOD 保健酒、SOD 口香糖、SOD 牛奶、SOD 水果（苹果、枣、桃、梨、葡萄、杏、脐橙、草莓等）和 SOD 蔬菜（番茄、黄瓜等），可以抗病消炎、除口臭、减缓衰老等。据研究，每人每天需补充 4 000 个单位的酶活量，如每人每天食用 100 克桃、150 克脐橙、130 克苹果、250 毫升猕猴桃汁就可以满足每人每天对 SOD 酶活量的需要。

（3）药用产品　用于治疗各种病症，如溃疡病、皮肤病、烧伤、心律不齐、局部缺血等症，也用于辅助药物、外科手术和血制品保护剂等。

3. SOD 的生理作用

（1）抗氧化　医学研究指出，人体抗氧化能力从 35 岁左右开始衰退，光靠补充一般果蔬是不够的。

（2）预防慢性病　体内新陈代谢产生的氧自由基是各种慢性疾病的罪魁祸首，万病之源，是人体健康的大敌，它致病是日积月累的，尤其是糖尿病、心血管病等慢性病。林天送博士说：照顾好你的心血管，就可以活到九十岁以上。

（3）抗衰老　人体老化是点滴出现和渐进的过程。人体氧化作用如同铁生锈一样，会导致色素沉着、体力衰退等，及时补充 SOD，可以放慢人衰老的脚步。

（4）抗疲劳　氧的自由基在体内蓄积同毒素一样，会让人易疲劳、厌倦、注意力不集中、昏沉、打哈欠等，SOD 在提升工作绩效和考试成绩方面有显著效果。

（5）消除化疗副作用　癌症患者化疗后，抗氧化能力急剧下降，当降至某种程度后，氧自由基便开始损害细胞、黏膜、五脏六腑、脑中枢神经等。所以，癌症患者应及时补充 SOD，降低抗癌药物所引起的呕吐、食欲不振、脱发等副作用。

（6）避免手术二次伤害　手术会引发大量的氧自由基，建议手术前后，口服 SOD，迅速恢复体力。

（7）化解妇女氧化压力　妇女氧化压力危机有三：第一是皮肤出现斑点、皱纹，由于不能有效清除氧自由基，破坏胶原蛋白和弹力纤维蛋白，丧失皮肤保温、维持弹性的功能，因而皱纹横生，加速黑色素沉着。第二是皮肤灰暗无光，血液循环不畅，经期不顺，黑眼圈等。第三是更年期障碍。因为雌激素的缺乏、体内抗氧化能力的降低，常出现阵发性潮热、失眠、夜间流汗、头痛、情绪不稳、心神不宁等，都与过多的氧自由基存在有关，所以，要注意补充抗氧化剂类食品。

SOD 被视为“生命科技中最具神奇魔力的酶——人体内的垃圾清道夫”。

（二）富钙苹果

钙是人体含量最丰富的无机元素，总量超过 1kg，其中 99%存在于骨骼，1%分布于血液和软组织中。

钙在神经、肌肉的应激，神经冲动传递，心动节律的维持，血液凝固，细胞黏着等生理过程中起重要作用。人体从出生到 20 岁前是吸收超过排泄，20 岁时人体对钙质的吸收与排泄基本平衡，20 岁以后，为负钙平衡期，即失钙的过程。骨骼缺钙容易引起骨质疏松或增生以及各类骨折；血液及细胞内钙含量增高，会引起动脉硬化、高血压、结石、老年痴呆等症，这些都是衰老的特征（钙的日推荐量见表 3-2）。

苹果中钙含量较高，食用部分为 11mg/100 g，对人体补钙也起一定作用。

表 3－2　钙的日推荐量

组别	年龄（岁）	体重（kg）	身高（cm）	钙（mg）
婴儿	0～0.5	6	60	360
	0.5～1	9	71	540
儿童	1～3	13	90	800
	4～6	20	112	800
	7～10	28	132	800
男性	11～14	45	157	1 200
	15～18	66	176	1 200
	19～22	70	177	800
	23～50	70	178	800
	50 以上	70	178	800
女性	11～14	46	157	1 200
	15～18	55	163	1 200
	19～22	55	163	800
	23～50	55	163	800
	50 以上	55	163	800
	妊娠期			+400
	哺乳期			+400

（三）富锌苹果

锌被人们誉为“生命之花”。锌对人体生理、生化功能的贡献远非任何一种微量元素或维生素所能比，自 20 世纪 50 年代起，人们陆续发现了锌的神奇功效。

1.维持正常人体的新陈代谢

人体中大约有 100 种酶含有锌元素，缺锌使酶失去活性，造成多种氨基酸代谢紊乱，蛋白质合成受干扰。

2.增强免疫功能

锌能提高人体的免疫功能,维持免疫器官(淋巴、脾、胸腺)功能正常,能有效预防上呼吸道感染和其他病毒病,抵制风湿病发展,促进胃和十二指肠球部溃疡以及外伤、烧伤和术后伤口的愈合。

3.促进凝血功能正常

锌有助于血小板的聚积作用。

4.促进人体正常发育

缺锌使人体发育停滞,智力下降,性成熟障碍,性功能低下,第二性征不出现或发育不全,甚至形成缺锌性侏儒。

5.增进食欲

锌能使唾液中的味觉素反应良好,增进食欲。

6.促进妊娠顺利

缺锌可引起妊娠延长、难产、大出血、胎儿先天性缺陷。

7.维持皮肤正常代谢过程

缺锌会引起皮肤炎症、角质化、痤疮、秃发等症状。

在许多国家和地区(伊朗、美国依阿华州、非洲、东南亚以及我国新疆喀什等地)都发现了程度不等的缺锌症。

锌在一般成年人体内总含量为2~3克,人体各组织器官中几乎都含有锌,人体对锌的正常需求量:成年人2.2mg/d,孕妇3mg/d,乳母5mg/d以上。人体内由饮食摄取的锌,其利用率约为10%,因此,一般膳食中锌的供应量应保持在20mg左右,儿童则每天不应少于28mg,健康人每天需从食物中摄取15mg的锌。成年人缺锌可引起食欲降低,味觉、嗅觉丧失,男性睾丸收缩、性机能减退,女子月经不调、闭经等症,缺锌还会影响脑、心、胰、甲状腺的正常发育,还能引起智力衰退或智力缺陷。

据最新研究,苹果汁对人体缺锌症具有惊人的疗效。现已确定,由于食豆类过多、过度饮酒或使用抗生素药剂等,而引起的皮肤炎和脱毛等缺锌症,用苹果汁治疗比以往采用锌制剂治疗更易被人体消化、吸收,其疗效也好于富锌的牡蛎。高浓度的果汁疗效更好。因此,苹果补锌对提高缺锌症医疗效果有重要意义。富锌苹果如图3-156所示。

(四)富碘苹果

碘是人体内含量极少,但又必需的营养元素。健康的成年人,体内含有碘约50 mg,其中50%存在于肌肉中,10%存在于皮肤中,20%集中在甲状腺内。碘的保健功效有:

1.预防甲状腺肿

甲状腺是人体内含碘量最大的组织。成年人正常的甲状腺重约25g,其中含碘约10mg,是组成二碘酪氨酸和甲状腺素的重要成分。碘可以变成有机化合物,几小时后,即进入血液循环。甲状腺素是一种调节体内基础代谢、促进发育、保持健康的激素。假如食物碘质缺乏,就会产生甲状腺肿病(俗称大脖子病),这种病常发生在吃不到海盐的内

◀▼图 3-156　富锌果品生产

陆或山区，如我国西部山区、俄罗斯的喀巴阡山地等。

2.提高妇女健康水平，保证儿童正常发育

母亲怀孕期，如长期缺碘，生下的婴儿发育就不正常。缺碘严重时，孩子容易痴呆、生长迟缓、智力低下，这种病叫做克汀病，其症状是面貌粗糙及发肿，腹部凸出，皮肤干燥且有皱纹，舌厚而有皱纹。发育期的女性，长期缺碘，会影响以后的生育。

在女性癌症死亡率中，乳腺癌居首，美国 A.埃斯金博士认为乳腺癌和缺碘之间有着特殊的关系，流行乳腺癌的国家，恰好是缺碘的国家，美国乳腺癌死亡率最高的地区是五大湖地区——甲状腺肿区。

碘的日推荐量见表 3–3。

表 3－3　碘的日推荐量

组别	年龄(岁)	体重(kg)	身高(cm)	碘(ug)
婴儿	0～0.5	6	60	40
	0.5～1.0	9	71	50
儿童	1～3	13	90	70
	4～6	20	112	90
	7～10	28	132	120
男性	11～14	45	157	150
	15～18	66	176	150
	19～22	70	178	150
	23～50	70	178	150
	51 以上	70	178	150
女性	11～14	46	157	150
	15～18	55	163	150
	19～22	55	163	150
	23～50	55	163	150
	51 以上	55	163	150
	妊娠期			+25
	哺乳期			+50

（五）富硒苹果（图 3–157）

硒是一种人类必需的稀有元素，是瑞典化学家于 1817 年发现的，因其被人们看成是致癌物质，而被冷落了一个多世纪。

20 世纪中叶，人们才偶然发现它是人类的益友、癌症的天敌，其保健功效是：

1.预防克山病

医学家研究证明，克山病与缺硒有关，原因是当地土壤和水中缺硒时，生产的粮食、蔬菜及其他农作物、果品普遍缺硒。长期缺硒，易染克山病。如食用含硒药物、食物、果

▼图 3-157　富硒苹果

品治疗，或移居他乡，克山病便可慢慢治愈。

2.预防癌症

1973 年硒开始成为一种抗癌剂，美国人雷·香伯格博士调查了美国 34 个大体相近的城市，17 个位于含硒较高的城市，癌症死亡率在每 10 万居民中，大约为 127 人，但在含硒较低的城市，则高达 175 人。硒的防癌原理是：硒能使人体产生各种类型的谷胱甘肽，从而保护细胞膜的稳定性和正常通透性，抑制脂质过氧化反应，消除氧的自由基的毒害作用。同时，硒还可以减少致癌物的代谢活性，促进机体的免疫功能，提高防御能力。近年来医学上发现人血清中硒含量，癌症患者和正常人之间存在差异：癌症患者通常较正常人低，癌症患者中，血清硒含量低者的病情往往较重，硒可控制肿瘤细胞生长、分化，减轻化疗的副作用，减轻痛苦。

3.保护烟酒嗜者

日本专家最近研究发现，随着年龄的增长，吸烟者血清中硒的含量不断下降，而且吸烟量越大，下降幅度越大，这是中老年人某些癌症发病率升高的重要原因之一。硒是抗氧化剂，是维生素C的500倍，可解酒保肝。人体靠自身排出吸入和自产的毒素，一般需20年，若每日补硒200μg，3个月即可彻底排出体内毒素。

4.强化肝功能

缺硒时，肝不能清除自身代谢中的有害过氧化物，故易患肝病。

5.防治心血管病

缺硒易引起各种心血管病：冠心病、心肌梗死、高血压等；补硒可增强心脏功能，降低胆固醇、血脂黏稠度或防止血栓形成。

6.控制糖尿病

缺硒易患糖尿病。补硒可以改善胰脏功能，控制糖尿病的发生。

7.健肠胃

硒可协助清理肠胃中的过氧化物、自由基，从而保护胃，防止胃炎和消化道溃疡等。

8.保护各类人群

硒能改善人体内氧环境，使人不易疲劳，能清除体内毒素，使儿童精力充沛，老人不老、健康永驻。此外，硒还可预防食饵性肝坏死、龋齿、婴儿猝死、水肿病、关节炎等。

9.硒中毒

机体摄入过多的硒可引起硒中毒，美国有的地区土壤中硒含量很高，导致植物、牧草的含硒量很高，使当地的家畜出现食欲不振、脱毛、蹄损伤、肝硬变等硒中毒症状。人群中硒中毒不多见，但亦有发生，在印度有人出现秃发、指甲不正常、疲乏等硒中毒症状，原因是他们饮用含硒量过高的井水。

人体对硒的需要量及补硒的合理方式是：

1）人体对硒的需求　任何营养元素不能缺，也不能过多。人体硒的生理需要量为每日40μg；预防克山病硒的最低需要量，推荐膳食硒供给量为每日50~250μg，最高膳食硒安全摄入量为每日400μg。硒的界限中毒量为每日800μg。1980年美国提出不同年龄人群饮食硒摄入量为：0~0.5岁为10~40μg/d，0.5~1岁为20~60μg/d，1.5~3岁为20~80μg/d，4~6岁为30~120μg/d，成人应为50~200μg/d。不同人群需硒量（μg/d）：癌症患者200~400μg/d，糖尿病患者300~400μg/d，肝肾病患者250~350μg/d，前列腺患者250~300μg/d，心脑血管患者300~400μg/d，放化疗患者800μg/d。

2）人体补硒　人体不能制造硒，因此，必需的微量硒只有向大自然索取。自然界的硒来自岩石，再经土壤、水、食物等环节，才能进入人体。水中的硒含量较少，只有食物才是人体的主要来源，含硒较多的食物有海产品（鱼贝类）、肉类、动物内脏、奶制品以及大蒜、洋葱、蘑菇、胡萝卜、苹果、香蕉等。谷类中也含有一定量的硒。食物中的硒常和蛋白质相结合，凡是含蛋白质少的食物，如水果、蔬菜中含硒也少。因为硒往往是以有机的硒——氨基酸的形式出现。所以，凡是食用蛋白质少的人，体内易缺硒。

缺硒土壤生产的食物里，硒的含量难以满足人体需要，需要人工补硒，我国通常用亚硒酸钠作为补充硒的手段。

（六）富钼苹果

钼元素的保健功能主要有：

1.保护心血管

人类心肌中含有较高的钼。这些钼能同酶一起维持心肌的能量代谢。有人分析了12个心肌梗死死亡者的心脏，发现他们心脏中的钼含量都比健康人低，钼是心血管的卫士。

2.预防癌变

亚硝胺是强致癌物质之一，当亚硝酸盐在人体内遇到钼以后，其合成过程被中断，不能形成亚硝胺，癌变自然会得到预防。过去，河南林州是我国有名的食管癌发病区。调查证明，主要是土壤中缺钼，硝酸盐和亚硝酸盐类物质在农作物中积累过多，人们长期食用这些粮食、食品，常常诱发癌症。近年来，这里推广使用钼酸铵肥料，粮、菜中钼含量明显提高，硝酸盐、亚硝酸盐含量大幅降低，随之，食管癌的发病率也逐年显著下降。

3.预防龋齿

少年儿童体内钼含量很低，是成年人的十几分之一，所以少年儿童龋齿发病率较高，一旦让儿童增加钼的摄入量，防龋效果就明显增加。此外，钼还能增加牙齿的硬度和牢固度。

（七）富钴苹果

钴是人体内维持健康的必需微量元素，但素食者一般容易缺钴。钴的保健功能有：

1.刺激体内造血系统

钴能促使血红蛋白的合成及红细胞数量的增加。钴大多数是以组成维生素 B_{12} 的形式存在和参与生理作用的。维生素 B_{12} 在酶的催化下，转变为四氢叶酸。如果四氢叶酸缺乏，就会阻碍核酸形成，从而影响骨髓细胞的繁殖，发生营养不良性贫血。

2.防止脂肪肝发生

钴有驱脂作用，能防止脂肪在肝细胞内沉着，从而防止脂肪肝的发生。

3.促进女青年红细胞合成

青春期女青年，因月经丧失了一定量的钴元素，而钴是直接参与红细胞的合成代谢物质，因此，女青年应在月经过后，适当补些食用钴，可有效保持机体内生理性平衡。

人体中一般含有微量的钴，特别是胰腺、肝脏、脾脏内含量较多。正常人每天摄入150mg钴盐，经7~22天，受试者红细胞数就会增加16%~21%。从膳食中得到的钴，有73%~97%的钴可以被吸收，注射进体内的钴约有60%从尿中排出，余者从粪便排出。当钴离子浓度超过25mg/kg时，就会出现妨碍细胞维持正常呼吸的作用。人体对钴的摄入应以肉类食物为主，以其他含有维生素 B_{12}、钴食物即麸皮、海味、蜂蜜和红糖以及富钴水果等为辅。

二、功能性苹果生产关键技术

（一）SOD 酶及功能性元素

1. SOD 酶

（1）SOD 苹果生产原理

1）平衡树势　果实生长初期，施用 SOD 酶，可消除树体内原有的阻碍生长发育的氧自由基，保持树体正常生理机能，平衡树势，促进果实的正常发育。

2）调整果实发育　在果实生长过程中，果肉细胞内会有大量的新陈代谢活动，不断影响果实发育进程。补充一定量的 SOD 酶，会使果实内酶活单位提高 1~2 倍，从而促进果实质量和重量的提高。

3）储藏　果实生长后期，叶片喷施或树干注滴 SOD 酶可通过叶片及枝干输导组织直接进入果肉细胞，并作为储藏养分储于液泡中。

（2）SOD 酶使用效果

1）果个均匀　大小差异不明显，提高商品果率。

2）着色好　施用 SOD 酶后，果实着色率提高 25%~30%，果面光洁度高。

3）内质好　含糖量提高 0.3%~0.4%，果实硬度提高 20%~30%，口感甜脆。

4）提高抗病力　施用 SOD 酶后，防治苹果腐烂病效果可达 60%~70%，防治苹果霉心病效果可达 7%~8%，蚜虫危害减轻，叶绿素含量提高，叶色浓绿。抗冻力增强，冻害减轻。

5）增产　施用 SOD 酶，可使水果增产 10%~15%。

（3）SOD 酶施用方法

1）果园选择　选在生态条件好、无公害、绿色食品或有机果品的精品生态园。要求树势健壮，病虫害轻，综合管理好的高效生产园，并且要有 $2hm^2$ 以上的规模。

2）施用产品　根据在河南省灵宝市苹果园 6 年试验，每 $667m^2$ 苹果园每年施用河南省灵宝市绿宝生物工程有限责任公司生产的 SOD 酶（活性为 680 酶活力单位/g），就可满足果树需要。

3）施用方法　一种是树干输液法，即用特制针头，先用细钻在树干中下部同一水平上，均匀分布 3~4 个方向打孔，深度 1~1.5cm，拔出钻头，插进针头（4 个沟槽中有出水微孔），挂好滴管和滴瓶，一天可滴入 1 瓶（500 ml）SOD 酶液。另一种方法是用喷雾器单喷于枝叶上，通过叶片、果实吸收。

4）施用浓度和次数　输液法使用浓度为 1 000 倍，喷布法使用浓度为 2 000~2 500 倍。输液法在花前和花后各 1 次，喷布法在花后 15~20 天、套袋前、摘袋前 30 天各喷 1次。有条件的尽量使用动物源（从动物血和肝脏中提取）SOD 酶，用输液法施入，效果好，成本低，便于推广。

5）注意事项　喷布时可与化学药剂混用但不能和杀菌剂混用，也可与化肥混用，但最好是单施。施用时间最好在 16 时后，以利于 SOD 酶的吸收。喷布时要混匀，均匀喷于果、叶和枝干上，尽量避免在中午强光时段喷布，否则，不利于 SOD 酶的吸收。使用时，至少提前 2h 用温水溶解,利于喷施。喷后 6h 内遇雨需重喷。

6)经济效益与市场前景　应用 SOD 酶,要求在精品果园进行,如河南省灵宝市上埝园艺场,1992 年建场,总面积 $10hm^2$,投资 200 万元,建有储藏库,配置有农用机械等。1997 年前,年产苹果 20 000kg,产值 2 万元。后来采用 SOD 等先进配套技术,2002 年生产优质果 15t,产值达 80 万元,其中生产 SOD 功能苹果 50 000kg,产值 50 万元。2003 年生产优质果 30t,产值 220 万元,其中 SOD 精品果 10t,产值 120 万元,轰动了省内外。最近几年,北京顺义、丰台,辽宁葫芦岛,河南三门峡,陕西三原的 SOD 苹果基地的 SOD 苹果,高价畅销,最便宜的 5 元/个,贵者 10 元/个,最贵卖到 50 元/个。一个最突出的事例是,陕西省三原县马额镇高家村康家组郭战虎红富士优质高效苹果园,1993 年建园,果园面积 11 $200m^2$,株行距初为 3m×2.5m,全园 170 株,后经逐年间伐,现有株数 120 株。近年,采用"四大技术"树冠由纺锤形改为小冠开心形,果园管理精细,树体健壮,多年来,每 $667m^2$ 产量稳定在 5 000kg 左右,年总收入浮动于 1.5 万~1.7 万元。为了进一步提高果园经济效益,从 2005 年开始,进行彻底转型,由产量效益型转为质量效益型。2007 年完全采用高新技术和最优化管理,其中喷布 5 次 SOD 酶和硒肥以及 2 次 PBO,结合严格控制花果留量等,每 $667m^2$ 产量由过去 5 000kg 降至 4 000kg,全园套袋由过去 38 000 个降至 23 000 个,平均果重由过去 250 g 提高到 350 g,全园优质果率由过去 80%提高到 95%,果品采用精品包装,每盒装 6 个苹果,售价 100 元,全园果品总收入 16 万元,每 $667m^2$ 产值接近 8.9 万元,每 667 m^2 投入 5 016 元,产投比约为 16:1,利润率 1 600%。这在我国优质高效苹果生产上是个典型(表 3–4)。由表内数据可以看出,SOD 高档精品园其经济效益是优质果园的 3~4 倍,是一般园的 8~10 倍,为广大果农指明了今后的致富路——高投入、高科技、高产出、高效益的"四高之路"。

表 3–4　郭战虎 SOD 精品园经济效益

序号	全园投入		全园产出	
	项目	金额(元)	项目	金额(元)
1	肥料(有机+无机)	3 000	精品果	142 000
2	农药	350	普通果	17 000
3	灌溉	300	残次果	1 000
4	高桩素	400	—	—
5	SOD 酶	1 000	—	—
6	硒肥	120	—	—
7	小林袋	1 600	—	—
8	银膜(折旧)	110	—	—
9	PBO(华叶牌)	150	—	—
10	劳务	2 000	—	—
	全园合计	9 030	全园收入	160 000
	平均每 $667m^2$ 投入	5 016	每 $667m^2$ 收入	88 888. 9

21世纪初,SOD制剂首先在河南省三门峡市的灵宝市、陕县的苹果园试验取得成功。随后,在辽宁省庄河市、葫芦岛市,陕西省延安市、三原县、礼泉县,甘肃省静宁县、天水市,北京市,山东省沂源县等地用于苹果精品果生产上,发展势头良好,前景广阔。如河南省灵宝市2006年SOD苹果园133hm^2,2007年发展到200hm^2,2008年发展到330hm^2,2009年达到600hm^{2}以上,其他省市也有相应的发展。

据测试,灵宝市试种的SOD酶苹果(红富士、新红星)果肉中,SOD含量符合国家和联合国卫生组织规定的标准。2002年SOD酶活性达20.86酶活力单位/g,2003年SOD酶活性达22.64酶活力单位/g,2004年SOD酶活性达28.36酶活力单位/g,2005年SOD酶活性达39.58酶活力单位/g。SOD苹果一上市,就受到消费者的欢迎。

据河南省灵宝市科技局产品质量检测实验室测定(2007年10月22日),陕西省三原县郭战虎的“战虎牌”红富士苹果SOD酶活性达到36.45酶活力单位/g,超过一般含量的1倍以上,果实品质高,年前就销售一空。

近年,由于SOD生产原料由动物源转为植物源、微生物源,资源丰富,国内生产厂家达10余家,生产成本降低,市场售价也比前几年大大降低。因此,普及SOD精品果生产前景更加广阔。

(4)SOD苹果地方标准 由于SOD酶应用于苹果上时间不长,目前尚无国家标准问世,笔者曾协助河南省灵宝市于2007年制定出《优质SOD红富士苹果标准》,该标准是在国家农业部颁布的无公害苹果标准的基础上制定的地方标准。

1)感官要求 要求果形基本端正、高桩,果形指数在0.85以上,果实成熟,果柄鲜绿。果实硬度在7.5~8kg/cm^2。果面洁净、鲜艳,集中着色面积要求在85%以上,具有本品种的特性和特征,包装前剪去果柄,使果柄高度低于果肩,以减少果肉刺伤。

要求无病虫害、无药害、无日灼、无碰压、无刺伤,无裂果、无落地果、无未成熟果,无雹伤,串级数≤5%。

无明显枝叶磨痕(允许有轻微薄层,面积不超过1cm^2)、无果锈(允许梗洼处果锈不超过果肩)。

果实风味具有本品种特有的风味,无异常气味。

2)SOD酶活性 SOD酶活性的检测按国家标准规定的NBT光化还原法进行。

SOD酶活性的指标要求:每克苹果果实中SOD酶含量不少于20个酶活力单位。

3)卫生标准 采摘时戴洁净手套,果篓及包装物要清洁卫生、无异味,采后果实要及时入库储藏。果实农药及重金属残留指标见表3-5。

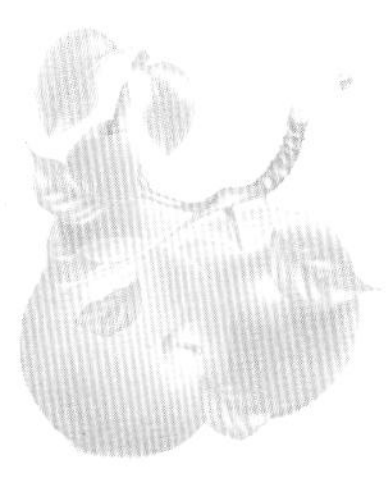

表 3-5 果实农药及重金属残留指标(mg/kg)

序号	项目	指标	序号	项目	指标
1	滴滴涕	≤0.1	14	克菌丹	≤0.5
2	六六六	≤0.2	15	敌百虫	≤0.1
3	杀螟硫磷	≤0.5	16	除虫脲	≤1
4	敌敌畏	≤0.2	17	氯氟氰菊酯	≤0.2
5	乐果	≤1	18	三唑锡	≤2
6	马拉硫磷	不得检出	19	毒死蜱	≤1
7	辛硫磷	≤0.05	20	双甲脒	≤0.5
8	多菌灵	≤0.5	21	砷	≤0.5
9	氰菊酯	≤0.5	22	铅	≤0.2
10	氯菊酯	≤0.2	23	镉	≤0.03
11	抗蚜威	≤0.5	24	汞	≤0.01
12	氰戊菊酯	≤0.2	25	铜	≤10
13	三唑酮	≤1	26	氟	≤0.5

4)验级标准 见表 3-6。

表 3-6 果实验级标准

项目与指标	特级	一级	二级
SOD 酶活含量(酶活力单位/g)	>20	>20	>20
果实横径(mm)	≥85	≥80	≥75
着色度(%)	≥85	≥80	≥70
可溶性固形物含量(%)	≥14	≥13	≥13
果实硬度(kg/cm^2)	≥8	≥8	≥8
果形指数	≥0.85	≥0.85	≥0.80
果面光洁度	洁净	洁净	洁净
装箱要求	单层扣盖箱	双层扣盖箱	双层扣盖箱
其余参数按照国家鲜苹果标准执行			

(5)冷链储运 从采后入库到销售、餐桌过程中,要做到冷链储运,确保果品质量。

2.钙

(1)钙的生理功能 钙是继氮、磷、钾之后第四大元素。钙参与细胞壁的组成,是细胞壁中胶层的主要成分。钙进入树体后,一部分呈离子状态,一部分成难溶性的草酸钙,还有一部分形成果胶钙,树体里的钙以叶中较多(占 1.5%~5%),果实中含量较低(11mg/100 g 食部)。其生理功能是:①钙是细胞壁和细胞间层的组成部分。它使细胞膜具有一定的透性和稳定性,促进幼茎生长和根毛的形成,使果实的硬度提高,延长储藏期。②钙能保持细胞正常分裂,提高原生质黏性,增强其抗旱、抗热和抗病能力。③钙参

与细胞核和线粒体的代谢和形成,同时,也是少数酶及其辅酶的活化剂,与新陈代谢中产生的对植物体有害的有机酸形成草酸钙和柠檬酸钙等难溶性盐,使果树免受伤害。④钙可消除土壤溶液中其他离子的毒害,起着平衡体内生理活动的作用。

(2)盈亏表现 一般土壤中钙是很丰富的,但因土壤干旱、高温和土壤溶液中氮、钾浓度高,钙难以均衡为根系吸收。由根吸收的钙向地上部运输,主要靠木质部的蒸腾流,而果实蒸腾率较低,套袋后的果实蒸腾率就更低,对钙的吸收远不如叶片和茎部,因此,果实容易缺钙。

缺钙症状:新生根短粗、弯曲,根生长受阻,根尖变褐,枯死;枝条从顶端开始枯死,新梢短弱,先端为叶丛芽;叶片较小,叶中心失绿、变褐和坏死斑点;梢尖叶片向上卷,发黄,果实缺钙,皮孔大,裂果,日灼病、痘斑病增加。储藏中溃败、褐烫病、水心病、苦痘病均易发生。严重缺钙时,枝条坏死,花朵萎缩。

(3)钙的吸收与果实品质 影响果实缺钙的因素颇多。土壤、气候、施肥、修剪等管理对钙的吸收都有直接和间接的关系,果园土壤干旱或过涝,pH 高,都影响根对钙的吸收;修剪过重或树势过旺,导致新梢生长与幼果争钙,影响果实中的氮钙比,造成缺钙。另外,土壤中缺硼时,影响光合产物向根系输送,从而抑制根系生长,间接影响对钙的吸收。N/Ca 过大,会出现缺钙症状,果实中 N/Ca 为 8~9 时,果实着色系数明显提高,储藏性能最好;K/Ca 或(K+Mg)/Ca 大于 30 时,即发生水心病。K/Ca 为 2~2.5 时,苦痘病发病率>5%;K/Ca 达 50 时,苦痘病严重发生。Mg/Ca 为 0.2 时,果实品质良好;0.5 时,品质较差,因为镁多时,取代了钙的位置,破坏细胞的稳定性,储藏力下降。在果实生长过程中,喷布钙盐,可以减少果实在采收期和储藏期苦痘病的发生。树上果实处理与对照苦痘病的发病率分别为 13.2%和 54.3%;储藏 5 个月后,苦痘病发病率分别为 21.3%和 54.3%。另外,苦痘病发病率与果皮中含钙量有直接关系,含钙量为 700mg/kg 以上者,发病率不超过 12%;含钙量在 500mg/kg 者,发病率在 50%以上,可见 500~700mg/kg 是临界浓度。健康果平均含钙量为 800mg/kg,而发病果的平均含钙量为 390mg/kg,果个越大,含钙越低,发病率越高。

(4)补钙的途径与方法 补钙有 4 种途径:①根际土施。结合深施有机肥,可增施过磷酸钙、氯化钙、硝酸钙等,根据树冠大小,施入 2~4kg/株。②树干涂抹。近年兴起涂抹肥,如氨基酸钙、金角钙等,按一定比例稀释(10~20 倍),均匀涂于主干的一定部位,宽度 40cm 左右,可以增加对钙的吸收等。③叶面喷布。最常用的补钙方法,还是喷布于叶面上,据仝月澳等研究证明:陕甘苹果水心病发生与缺钙有关,喷钙可使发病率由 25.1%降到 7.0%。一般常用的钙盐有:氯化钙、硝酸钙、氨基酸钙、高效钙、金角钙、钙硼双补等。④树干注射。用特制钻头在树干近地面 20~30cm 处钻细孔,均匀分布 3~4 个点,用挂滴流法,将特制针头插入钻孔(不留空隙)。每天可滴 1 瓶钙溶液(浓度由专家指导或根据商品说明要求,浓度过高,易产生单盐毒害,要特别注意)。

喷布钙的时期,应在花后 4~6 周,即需钙占全年 90%的时期,花后至套袋前,一般需打 2~3 遍药,可将钙肥同农药一起施用;解袋后,经过 3~4 天,果面经过短期锻炼,喷钙肥不会造成对果面的刺激，从而提高果面的光洁度。

至于喷布钙肥的浓度，应依据使用说明和注意事项来使用，太稀不管用，太浓会灼伤果面甚至造成斑块。

3.锌

（1）锌的生理功能　苹果树对锌很敏感。锌的生理功能是：①促进树体正常发育。锌参与生长素的合成，是碳酸酐酶的组成部分，参与二氧代碳和水的可逆反应，形成色氨酸，故能保持一些生物酶的活性和细胞膜的稳定性。②促进受精坐果。锌参与羧肽酶的组成，对蛋白质的合成有直接和间接作用。③提高光合产物，加速光合产物运转。锌参与叶绿素的合成，对光合作用和碳水化合物代谢有重要影响。④作用机制。其主要生理作用是参与生长素代谢，与β-吲哚乙酸有直接关系。因锌对色氨酸的合成有重要作用，而色氨酸又是合成吲哚乙酸不可缺少的。如果缺锌，就会阻碍吲哚乙酸和丝氨酸形成色氨酸，从而严重抑制叶片生长，形成小叶病。

（2）盈亏表现　苹果根系吸收锌是主动吸收，在体内活动性不大。在锌供应充足时，吸收的锌主要积累在根中，老叶中锌不会流出，幼叶中锌流出不畅，所以缺锌症状往往局限于部分枝叶上。

当土壤中可吸收锌的含量<10mg/kg 风干土时，苹果树就会出现缺锌症。枝梢、叶片中锌含量达到 5mg/kg 以下时，一般表现锌饥饿。健康树叶片含量一般在 20~34mg/kg，小叶病树叶片含锌量只有 10~16mg/kg。沙土和碱性土果园易发生缺锌症，酸性和富含有机质土壤则很难看见缺锌现象，偏施磷肥会加重缺锌。

缺锌常见症状是小叶病，发病初期症状明显，病梢发芽晚、节间短、叶片窄、质硬脆、黄绿色，叶缘向上、叶不平展，顶芽不能萌发，下部侧芽先萌发、呈簇状叶。严重时，病枝由上向下枯死，病枝下部有时另发新枝，初发叶片正常，后期叶片变形，叶片色调不匀，常呈畸形，病枝花芽减少，花器小，不易坐果，坐住的果小而畸形，产量很低或绝产。

缺锌树根系发育差，老病树多有烂根现象，重病树树势弱，发枝少，树冠小，产量低，不抗寒。

（3）补锌的途径与方法　①补锌途径。补锌有地面施、树上喷施、树干输液 3 种途径。②施用时期及浓度。喷布法，萌芽前，喷 3%~4%硫酸锌，萌芽后喷 0.3%左右硫酸锌，果实采收后喷 0.5%硫酸锌。树干输液法多在树液流动后至 6 月进行，但溶液浓度要适当，否则易发生药害。③喷布锌铜波尔多液。为防止早期落叶病，在套袋后，常用的比较有效的防治方法是喷 1:2:200 波尔多液，这种药持效期长达 15~20 天。为了兼治苹果小叶病，常将其中硫酸铜的 40%换成硫酸锌即成为锌铜波尔多液，连用 1~3 年有明显效果。④大量增施有机肥。挖 60~80cm 深沟施入，改善根系分布环境，提高土壤肥力，将从根本上改变锌的供应状况，最终消除小叶病。

4.碘

（1）碘的生理功能　①碘对树体生长发育、产量品质和某些生理生化过程有着良好的影响。苹果芽接苗用 1.6%碘化钾溶液根外追肥，可促进其生长，叶面积增加 5%，并能

提高1年生标准苗的出苗率。此外，枝条组织成熟早，1年生苗越冬准备好。②在碘的影响下，游离氨基酸总含量急剧增加，碘主要活化芳香和杂环族氨基酸的积累。在旺盛生长期和采前，碘能促进光合产物的提高。③在碘根外追肥的影响下，苹果叶内叶绿素含量和果实内维生素C的含量增加。④促进植物抗寒和抵抗病虫害。

（2）盈亏表现　碘在植物体内是移动性大的元素，从土壤中进入植物体后，其移动速度快，为1cm/min。

土壤碘的主要来源是大气层中的碘：每年1hm^{2}土壤上，随自然降水，可降下9~50g碘，在无地方病（甲状腺肿）区，土壤碘含量75mg/kg。

在土壤矿物组成中，铝硅酸盐内含有碘，但只有在矿物质分解后，碘才能变为植物可吸收状态；而有机质中的碘，必须在有机质矿化后才能被植物所利用。冰川沉积物、砂岩、石英岩和石灰岩含碘少，酸性土中碘要比中性土中少。氧化剂（Mn^{4+}、Fe^{3+}等）含量高可将碘转变为氧化态（IO_3^-），也促进其被淋溶掉。大量降水和丘陵山地、酸性强土壤都不利于碘的积累，易出现碘的亏缺。

在缺碘和有甲状腺肿病地区，每千克干物质中有20~97mg碘，而在无地方病地区，为64~120mg碘。在植物缺碘地区，平均碘含量要比不缺碘地区少1/3~2/3。如地方病区苹果碘含量为3.64μg/kg，而在无地方病区，碘含量为8.32μg/kg。

（3）补碘的途径与方法　人们所需要的碘，主要来源于饮水、食物和食盐，如海带、紫菜、海鱼、海虾、海蜇和海盐中都含有丰富的碘。

从富碘食品和果品中摄取碘，是另一途径。苏联在喀尔巴阡山缺碘地区，往苹果树上喷布碘肥（0.025%碘化钾）溶液，苹果果实中碘含量由对照的16.23μg/kg提高到49.33μg/kg，即碘含量增加2倍以上。同时还发现，喷布钼、钴，可提高碘的吸收和积累，喷锌可提高碘含量12.0%，喷锰可提高碘含量54.5%~70.0%。

果实在采前1个月内，喷布浓度0.025%碘化钾，可用于食疗，以预防地方性肿瘤。

苹果树追碘可增加苹果果实吸收和积累其他的微量元素（钼、锌、锰、铁和钴）。其产量增加25.1%。

5.硒

这些年随着人们对硒元素的重视，陆续出现了富硒茶、富硒大米、富硒小米、富硒蔬菜等富硒产品。原来苹果果肉中硒含量较少，1994年，陕西省礼泉县首先将硒用于苹果生产，生产出富硒苹果，在全国水果评优中获得金奖。现在市场上有许多硒肥，其中就有“富硒牌高效有机液体肥”。

近来，北京、河南三门峡、辽宁葫芦岛、陕西三原等地苹果精品基地都喷施该硒肥，以提高果品科技含量，生产富硒苹果。据辽宁省果树研究所试验报告（2002年），以7年生福岛短枝富士为试材，设4个处理，喷250倍液、500倍液、750倍液和喷清水（对照），分别在苹果套袋前和摘袋后进行喷洒，供试硒肥为富硒牌高效有机液体肥，研究结果表明，苹果中硒含量以500倍液处理最高，为0.038mg/kg，250倍液处理居次（0.017mg/kg），对照和750倍液处理分别为0.005 9mg/kg和0.005 7mg/kg，因此，硒含量以喷500倍液效果最佳。喷硒肥后对苹果质量的影响见表 3-7。

表 3-7 富硒牌高效有机液体肥对苹果质量的影响

（辽宁省果树研究所，2002 年）

处理	总糖（%）	总酸（%）	维生素 C（mg/100g）	花青苷（收度/100cm²）	硬度（kg/cm²）	可溶性固形物（%）
250 倍液	9.379	0.271	2.279	92.782	10.13	12.92
500 倍液	10.168	0.331	4.415	58.185	8.87	11.58
750 倍液	10.563	0.331	5.698	89.637	8.98	13.17
对照	9.802	0.301	3.484	44.032	8.56	11.30

注：硒肥由沈阳富硒有限责任公司提供。

6.钼

（1）钼的生理功能　①钼参与酶的氧化还原反应，与分子氮的固定，亚硝酸盐的还原，同化作用和蛋白质、酶的合成有关。②钼的特殊作用是防止磷化物的水解，并对核糖核酸代谢反应有影响。③钼参与硝酸盐还原酶的组成，该酶能将硝酸盐还原为氨和氨基酸，包含在黄素腺嘌呤二核苷酸和黄素单核苷酸的辅基基团上，钼作为金属成分，帮助酶的催化，使硝酸盐还原为亚硝酸盐。④钼对维生素 C 和胡萝卜素的合成有良好作用；缺钼时，叶绿素含量显著下降，原因是与维生素 C 含量降低有关。⑤钼在受精和胚发育中有一定作用。

（2）盈亏表现　一般钼含量<0.1mg/kg 干物质时，便出现缺钼症。

缺钼的主要特征首先表现在老叶上，最初在叶脉间出现浅绿和黄色，后逐渐扩至全叶（只在叶脉间缺绿，而不是全叶变黄），叶缘内卷呈窄条状、干萎，最后坏死。缺钼树由于氮素代谢被破坏，组织内含有大量硝酸盐，树体成花少，产量剧降。

根系对钼的吸收受诸多条件的制约，土壤中水溶性钼很少，根系可利用水溶性钼和可吸收态钼（MoO^{4-}阴离子），它可被黏土质的矿物所吸附，并能代换草酸盐和磷酸盐阴离子。在酸性（pH4.6~5.0）和强酸（pH4.5 以下）性土壤中，可吸收态钼比较缺乏，而在降低土壤酸度和提高磷肥量的情况下，土壤中钼的吸收率增加，在可吸收态钼含量低于 0.3mg/kg 土的土壤里，施钼肥最好。

（3）补钼的途径与方法　钼在人体中含量极微，每 100ml 血液中，只有钼 0.33~0.72μg，一个成年人机体内含钼仅约 9mg。但它与人的健康息息相关，因此，人们的饮食要注意钼的摄取，尤其贫钼地区更应注意。正常人每日需要钼约 100μg；世界卫生组织推荐为 2μg/(kg·d)。一般食物中都会有一定量的钼，其中，以肉类为最高，平均为 2.06mg/kg；其次为豆类、蔬菜，平均为 1.73mg/kg；谷类、水果、海味和脂肪中含量都小于 0.1mg/kg。因此，可通过根外追肥法（包括输液法）使水果中钼含量明显增加。

根据苏联 P. Д. 加鲍维奇的资料，苹果果实中钼的含量（mg/kg）：最高 0.08，最低 0.01，平均 0.035。在施足底肥基础上，根外追施 0.025%钼酸铵后，6 年平均苹果果实中

钼含量几乎增加 13 倍，对照为 9.2mg/kg，处理为 127.5mg/kg。此外，有条件的也可采用树干输液法补充钼，也是有效的。

7.钴

（1）钴的生理功能 ①在组织细胞中，钴参与维生素 B_{12} 的组成，在与一系列有机化合物复合体中，以离子形态存在；在有机复合物中，钴能与 H_2 分子形成化合物。在根瘤菌固氮中，它可以连接、转移 O_2、H_2 和 N_2。②钴离子能活化磷酸酶、卵磷脂酶、精氨酸酶等，它也参与羧化和脱羧、肽键和磷酯的水解、磷酸基的转移等反应。③钴对果树叶片中叶绿素的合成过程有良好作用，并能减弱阴暗处叶绿素的分解，同时，钴对增加树体内维生素 C 含量有良好的影响。④钴能提高树体内蛋白质氮含量，在调节核质代谢的酶反应中执行着一种机能。钴离子可以增加脱氧核糖核酸酶的活性，可以认为钴在受精过程中也起重要作用。⑤钴有助于提高果品产量和果实品质。

（2）盈亏表现 土壤中钴的含量与其在成土母质中的存在有关。玄武岩中钴丰富些，而在石灰石、白云石和沙壤土中，钴含量低些。钴在土壤中含量（mg/kg 绝对干土）：<0.2 为很贫乏；0.2~1.0 为贫乏；1.0~3.0 为供应中等；3.0~5.0 为丰富；>5.0 为很丰富。

（3）苹果果实补钴 苹果果实中，根据 P. Д. 加鲍维奇的试验资料，钴的含量（mg/kg）：最高为 0.017，最低 0.005，平均为 0.01。在根外追硫酸钴（浓度 0.025%）的条件下，6 年试验平均果实中钴的含量（mg/kg）：对照为 2.6，处理为 61.1，处理占对照的 2 350.0%，钴含量剧增。

（二）合理施肥

1.因树和实际需要施肥

（1）树相诊断 营养正常型树相为叶大而多、浓绿肥厚、枝条粗壮、节间中长，新梢年生长量在 30cm 以上，枝干皮层暗绿棕色；果个中大、均匀、品质好、病虫害少、连年丰产。非上述状况均属营养缺乏型或营养失调型。对红富士可进行叶诊断，日本经验是叶片由黄绿至深绿色，分为 8 级，做成叶卡，以供对照应用。叶色处于 5~6 级者，属于理想的；4 级以下者，应立即补肥并少留果；7 级以上者，应减少施肥量和适当疏枝。

（2）叶分析 此法在先进苹果生产国早已盛行，我国已在生产中应用。该法科学而实用，尤其生产功能精品果更为需要。其原理是：苹果树上一定部位新梢叶片，能准确反映出树体当时的营养状况，按标准测出某种或某些矿质元素含量数据，对照标准值，综合考虑元素间的增效、拮抗作用、肥水条件等因素，最终提出正确施肥建议。目前，各农科院、各省均有果品及苗木质检中心，可做此项服务。

（3）根据树龄 随树龄增长，树冠扩大，枝叶量增多，结果量提高，根系更加深广，需肥量也相应增多，如 10 年生和 15 年生苹果树的施肥量（g/株）：氮分别为 600 和 900，磷分别为 240 和 360，钾分别为 480 和 720。

（4）根据树势 树势强弱可反映肥料供应和各元素配比是否得当，如树势旺，要适当控氮，并减少总肥量供应。

（5）根据土壤类型 各果区土壤类型不一，土质、土层和肥力等也不尽相同，施肥时要区别对待，例如西北黄土高原和渤海湾苹果产区分别缺磷和钾，施肥时应分别多补磷肥或钾肥。又如，土层深厚，有机质含量高，保肥力强果园，追氮肥应次少，量也少；相反，沙壤和沙土瘠薄地，保肥力差，养分易淋溶，且肥效期短，追氮肥应量少，次多。

（6）大小年树　施肥要区别对待，大年树施肥目的与用量：①花前，氮肥施用全年用量的 30%，以促进新梢生长。②花芽分化前，施用全年用量的比例是：氮 20%、磷 40%、钾 40%，以利成花。③果实膨大期，施用全年用量的比例是：氮 20%、磷 20%、钾 60%，以利膨果，增色和增加储藏营养。④采后，结合施基肥，辅施全年化肥比例是：氮 30%、磷 40%，以利根系再生，吸收、增加营养储备。

小年树施肥目的与用量：①花前，以提高坐果率为目的，根外追硼，而氮、磷、钾肥分别追全年的 45%、10%和 10%。②春梢旺长期，促春梢生长、减少成花，氮、磷、钾分别追全年用量的 15%~20%、30%和 40%。③春梢停长期，氮、磷、钾肥分别施入全年用量的 15%、20%和 20%。④果实膨大期，氮、磷、钾肥分别追施全年用量的 20%、30%和 40%。以膨果、增色。⑤采后，按果:肥 1:(1~1.5)的比例，早施基肥。后按每 50kg 果补施 0.25kg 尿素，追施全年用量 10%左右的磷、钾肥，以增加储藏营养。

（7）肥料状况　肥料利用率（利用系数），不同肥料利用率差别较大：氮肥达 30%~75%，磷肥达 10%~25%。施肥要依此确定施用量。肥效速度，有机肥肥效发挥慢（5~20 天），化肥肥效发挥快（3~10 天）。要根据苹果需肥量和肥效发挥速度，确定施肥期（表 3–8）。

表 3－8　各种肥料肥效速度

肥料	各年肥效（%）第一年	第二年	第三年	开始发挥肥效天数（天）	肥料	各年肥效（%）第一年	第二年	第三年	开始发挥肥效天数（天）
硫酸铵	100			3 ~ 7	鸡粪	65	25	10	10 ~ 15
硝酸铵	100			5 左右	骨粉	50	30	20	15 左右
氨水	100			5 ~ 7	羊粪	45	30	20	15 ~ 20
尿素	100			7 ~ 8	猪粪	45	35	20	15 ~ 20
人尿	100			5 ~ 10	过磷酸钙	45	35	20	8 ~ 10
熟细粪	75	15	10	12 ~ 15	马粪	40	35	25	15 ~ 20
炕土	75	15	10	12 ~ 15	圈粪	34	35	31	15 ~ 20
草木灰	75	15	10	15 左右	生骨粉	30	35	35	15 左右
人粪	75	15	10	10 ~ 12	牛粪	25	40	35	15 ~ 20
土粪	75	15	10	15 ~ 20					

2.施肥时期

（1）基肥　早秋优于晚秋，晚秋优于春施，在基肥量相同时，连年施好于隔年施。

（2）根部追肥　大年树在坐果后和果实膨大期，小年树在花芽萌动前后和花期前后。在有机肥多果园不提倡多施地面肥，多以每年追 1~3 次肥较好。

(3)根外追肥　花前至秋季落叶前均可进行,全年进行3~5次,分别为花前、花期、花芽分化前、膨果期、着色期等(表3-9)。

表3-9　根外追肥时期与方法

喷布时期	肥料种类和浓度	目的	备注
萌动前	硫酸锌3% ~4%	防小叶病	用在缺锌树上
萌芽后	硫酸锌0.3%	提高坐果率	
花期	硼砂0.3%	提高坐果率	
新梢旺长期	氯化钙1.0% ~2%	提高坐果率	
幼果期	氨基酸钙、金角钙、硒肥等0.3%	防果实缺钙、硒等	连用2~3次
采前1个月	磷酸二氢钾0.3%	促进着色	结合喷药
采后至落叶	氯化钙1% 硫酸锌0.5% 硼砂0.3%	洗果、补钙 防小叶病 防缩果病	

(4)树干涂抹、输液　树干涂抹主要在萌动后至花芽分化前,输液多在5~8月进行。

3.肥料种类

功能精品园,要按无公害、绿色、有机食品标准进行生产,肥料完全采用国家允许使用的肥料:

(1)农家肥　有堆沤肥、沼气肥、绿肥、秸秆肥、泥肥、饼肥、圈肥等,必须经发酵后才能使用。

(2)化肥　有"三证"的各种商品肥料,如腐殖酸类肥、微生物肥、有机无机复合肥、无机肥、有机肥和无机肥的混合等。

(3)其他肥料　不含合成添加剂的食品,纺织工业的有机副产品,不含防腐剂的鱼渣,家禽、家畜加工废料,糖厂废料等制成品,经农业部门登记、允许使用的肥料。

4.施肥量

充足而合理的施肥量是生产精品果的基础。

(1)有机肥　一般按果肥1:(1.5~2)的比例增施有机肥,如红富士苹果每667m^{2}产量2 000kg和3 000kg,则应分别增施优质农家肥4 000kg和6 000kg。

(2)化肥　除有机生产园外,一般作为基肥的补充来用,大树每次株施追肥250~500g,一般追2~3次即可,追氮、磷、钾肥比例因果区、树龄而不同:西北黄土高原苹果区施氮、磷、钾的比例为1:2:1,渤海湾为1:1:2。

5.施肥方法

成龄树施肥主要有全园撒施、穴施、沟施、喷施法、水肥一体化多种。涂抹法开始应用,而输液法正在试用中。

(三)水分调控

功能精品园必须选在灌溉果园,免遭旱害,确保果个。

1.灌溉依据

(1)土壤湿度　以大量根系分布层(40~60cm)的土壤含水量为准,即达到田间最大持水量的60%~80%为宜。

(2)根系分布　深度一次灌溉量应以湿润40~50cm深土层为度。

(3)土壤质地　沙土地保水力差,易淋失,灌溉总量不减,但应少量多次;而黏重土壤,保水力强,宜量大次少。

(4)灌溉方法　精品园应以滴灌、微喷灌溉较好,每次用少量水(13~14t/667m^2),就可满足果树需要。

2.灌溉方法

漫灌费水,效果不好,现已不提倡,精品园可用下述方法进行灌溉。

(1)沟灌　在旱时,在树冠投影下,开轮状沟或短沟进行灌溉。

(2)滴灌　可为局部根系供水,保持原来土壤结构,水分状况稳定,省水、省工,增产20%~30%,滴灌的水量、滴灌次数因土壤水分多少、果树需水情况而定。滴灌设备系统由经销单位安装、调试,管理简单,目前,生产上应用较为普遍。

(3)管道灌　在地下一定深度铺设管道。在灌溉时,地上接管通水,可节水70%,同时,兼有喷药功能,工作效率明显提高,在京津等地采用较多。

3.排水

在雨季,尤其果实成熟前,果园不能积水,否则,会涝树,造成裂果和降低果品质量,为此,平地挖好沟渠系统,山地挖竹节沟或暗沟排水,将过多的水及时排出园外。

(四)营养元素的生理平衡

在不同营养供应条件下,各元素比例不同,有时差异很大,为了充分发挥各营养元素的肥效,必须注意营养元素间的平衡。只有在最适强度和最佳平衡状态,果树才能获得最佳产量和品质。如果一种元素的浓度变了,高于或低于最适强度时,其他元素的浓度必须相随而变,使之达到新的平衡,获得新水平条件下的最佳产量和品质。有时,某个或某些元素的含量不低,但元素间的比例失调,也会发生缺素症和多素症。

果实品质的优劣,主要取决于营养元素的平衡。如苹果生产上常发现缺钙的现象。缺钙与N/Ca、K/Ca、(K+Mg)/Ca或K/(Ca+Mg)值过大有关。

苹果树体内营养元素要有限度,如元素的上限浓度(mg/kg干物质)为:锌和锰300,铜150,铅10,钴5,镉3、钼3、镍3,铬3、钒3,汞0.04。一些微量元素出现缺素症的浓度(mg/kg干物质)为:铜0.5~10,锌1.2~54,钼0.03~0.29,锰2~30,硼4~28。树体内微量元素标准含量为:铜4~40,锌6~230,钼0.05~16,锰4~1 700,硼10~150。

营养元素间的生理平衡主要有:

1.增效作用(相对作用)

一种元素的存在可促进一种或一些元素的吸收。如施锌肥,不但能提高苹果各器官中锌含量,同时,还能提高铁、锰的吸收和积累。锌含量比对照增加值(%):叶90.3,根99.5,果实100,新梢100.5;铁含量增加:叶7.3,果9.1,根10.4,新梢11.1;锰含量增加:

叶 21.3，新梢 14.1，果 5.8，根 31.3。

2.拮抗作用

某种营养元素的增加，会影响另一种或另几种元素的吸收，或抵消另一种元素的功能的作用。例如，土壤施铵态氮肥使土壤中铵离子浓度增大的同时，根对钙的吸收减少；大量施钾肥，也会减少根对钙的吸收。铁、铜、锰、锌等金属离子间都能发生彼此间的拮抗作用，其中，铜与铁的拮抗作用最大。

根外追锌可使一些微量元素含量降低，其试验结果如下：

（1）硼含量降低（%）　新梢 2.4，叶片 3.1，根 7.4，果 9.1；

（2）铜含量降低（%）　新梢 4.1，叶片 2.7，根 6.6，果 2.7

（3）钼含量降低（%）　新梢 15.7，叶片 8.4，根 10.7，果 10.9；

（4）钴含量降低（%）　新梢 6.1，叶片 4.9，根 9.8，果 7.7。

概括起来，拮抗作用有 3 种表现形式：因元素间的竞争而影响吸收；妨碍元素运输；元素虽到达器官，但不能吸收利用。所以，要掌握元素平衡原理，才能做到合理施肥，充分发挥肥效。

第十节　防灾减灾技术

一、防雹网

防雹网是在果园上方和周边架设专用的尼龙网或铅丝网阻挡冰雹冲击，从而起到保护果树的作用。防雹网架式分为平面式、单面坡式、双面坡式 3 种。如图 3-158、图 3-159 所示。

▲图 3-158　延安宝塔区果园防雹网

▲图 3-159　意大利苹果园防雹网

二、防鸟网

防鸟网是在果园上方和周边架设专用的尼龙网或塑料丝网，阻挡鸟而起到保护果树的作用。如图 3-160、图 3-161 所示。

▲图 3-160　意大利果园防雹防鸟系统

▲图 3-161　辽宁省台安果园防鸟网

三、树体保护

对树体进行保护，防止田鼠啃树皮和扶直中央领导干。如图 3-162~图 3-165 所示。

▶图 3-162　套纸袋保护树干

▲图 3-163 套黑色塑料袋保护树干

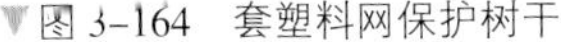

▼图 3-164 套塑料网保护树干

▲图 3-165　套塑料筒保护树干

四、防霜

在霜冻来临前，可用吹风机、加热器、烟堆、喷灌、灌水、涂白、施用PBO、施用碧护等方法。如图 3-166、图 3-167 所示。

▶图 3-166　果园吹风机

▲图 3-167 果园熏烟防晚霜

▼图 3-168 甘肃天水花牛苹果园起垄栽培

五、防渍、防涝

高畦栽培、挖排水沟。如图 3-168、图 3-169 所示。

▲图 3-169　起垄栽培

▼图 3-170　农膜覆盖防旱

六、防风

设防风网，建防护林。

七、防旱

覆盖农膜(图3-170)、挂输水瓶、埋渗灌桶、施吸水剂等。

第十一节 苹果容器栽培

一、苹果容器栽培的概念

苹果容器栽培是将苹果树栽培在瓦盆、木桶等容器内的一种新的果树栽培方式，具有观赏、食用双重价值。如图 3–171 所示。

▲图 3–171 盆栽苹果

二、苹果容器栽培的特点

(一)不占土地，随处可放

人们可根据条件，把盆栽苹果放在需要的地方。如可根据居住条件摆在窗台、阳台、楼房有阳光的楼梯及走廊上。也可根据生产消费者的需要放在会议室、各大宾馆、机关及单位大院的主要道路两旁、旅游景点，以及举行重大活动时布置会场。随着新农村建设的不断完善，在房前、路旁、院落均可摆放盆栽果树，这样不仅可以观赏各种优美造型，又能品味新鲜的果实；不仅给人以美味的物质享受，而且让人欣赏这硕果累累的盆景，使人心旷神怡，久久为之动情。

（二）移动方便，可避开不良的环境

用容器栽培苹果移动方便，在管理中可趋利避害，如遇风暴、洪水、冰雹、霜冻等，可将盆栽苹果转移到安全地方。我国北方地区冬季气温低，如黑龙江省大苹果树很难在露地越冬，把它放在盆中栽培，冬天则可放在室内或埋土防寒，避免冻害。同时，在我国南方雨水多、气温高，露地栽培苹果容易发生病害，降低果实品质，而放在盆内栽培，在雨季或酷暑的中午将盆栽苹果移到室内或阴凉通风处，从而让生长结果正常。

（三）来源广泛，取材容易

我国拥有丰富的苹果资源，苹果属植物全世界约有 35 种，我国有 20 多种，分布在全国各地，在我国的国家苹果种的资源中有野生种、栽培种等 1 000 多个。无论是生产中的砧木和苗木，还是生产多年的老树桩或根蘖均可进行盆栽。因此进行盆栽苹果生产，可就地取材，因地制宜地进行栽培和管理。

（四）树体矮小、枝条粗壮

苹果栽植在容器内，生长受到限制，根系范围很小，根据果树地下部与地上部平衡的理论和干截面积与树冠大小相关之学说，容器里的苹果树就像鱼缸里养不出大鱼一样，容器里的苹果树树冠不会太大，树干也不会太粗。因此花盆的树体小，加上应用矮化砧木，人为控制，树体矮小、粗壮，适合于观赏。

（五）成花结果早，形果兼备

盆栽苹果树不但树体矮小，树冠容易成形，而且结果早，一般入盆 2 年结果，符合观赏果树既观花又赏果的要求。苹果盆景等于造型加硕果，就是说，它既要具有根、桩、形、神等造型艺术，又必须兼有足够数量的果实，二者缺一不可。在苹果树盆景中，果是型的重要组成部分，果的多少、布局、大小、色彩是构成苹果盆景艺术的重要部分。尤其近年发展的大果型苹果盆景，以型载果，以果成型，型果兼备，妙趣横生。

三、盆栽苹果栽培技术

（一）盆栽苹果品种

盆栽苹果春季繁花满枝，秋季硕果累累，赏花观果两相宜。盆栽苹果的品种，主要以树型矮化、根壮、枝短、叶小、成花结果早、自花授粉结实率高、挂果周期长、果大色艳、抗病能力强和适应盆栽环境的品种最为理想。

盆栽苹果的品种分为大果品种和小果品种。

大果品种均具有观赏和食用双重作用，如寒富、富士系列、红星系列、乔纳金等品种。

小果品种有的具有观赏、食用双重价值，如乙女、芭蕾系列等品种。如图 3-172 所示。有的只能观赏，不能食用，如海棠系列、山定子、光辉等品种。如图 3-173 所示。

▲图 3-172　观花盆栽

▲图 3-173　观果盆栽

（二）容器的选择和营养土的制备

容器应选择口径为 30~40cm、深 30cm，透气性好的瓦盆，或与此大小相当的木桶、木箱等。盆内营养土为腐叶土（腐殖质土）:园土:中沙（珍珠岩）4:4:2 的比例配制。

(三)上盆与换盆

早春苗木发芽前或晚秋落叶后均可入盆。入盆时,盆底洞用 1~2 块碎瓦片盖上,盆底放一层粗沙,填入部分盆土,放入苹果苗,要使根系舒展,再填满盆土,提一下苗干,用手压实浇透水,放在空气潮湿的地方。

一般 2~3 年换盆 1 次,要根据苗的大小选盆,宜在休眠期进行。将盆苹果树带土从盆中取出,剪除网状根垫,将根部去掉 2/4 左右的土壤,然后像上盆那样,放入盆中加好盆土,浇透水。

(四)肥水管理

苹果树萌芽后开始施肥,肥料种类以有机肥为主。用豆饼、菜饼等打碎放入密封的容器发酵,取其腐熟的上层液体,加水 10 倍浇施。一般 7~10 天浇施 1 次。生长前期可追施几次 0.3%尿素液。果实膨大期可施 2 次 0.3%磷酸二氢钾或 0.3%硫酸二氢钾液。

未结果的盆栽苹果,从 5 月底开始,每隔 10 天左右喷 1 次 0.3%磷酸二氢钾液,共喷 3 次,能促进花芽形成。

在春季晴天温度较高时,1~2 天浇 1 次水,夏季高温炎热的晴天,一般 1 天浇 1~2 次水。秋季适量控制浇水,保持盆土适当干旱,有利于形成优质花芽。冬季盆土干燥时也要浇水。

(五)整形修剪

苹果上盆后,应注意拉枝开角,以提早结果。修剪时着重对 1 年生枝条进行重短截,刺激腋芽萌发,形成结果紧凑的小冠树形。初结果树,可靠长、中、短枝顶芽结果。结果后,可根据树势生长的强弱,对过长枝进行修剪,使整个树冠内的中小枝组紧凑,观赏性强。另外,可用拉枝法,整成弓式扇形、折叠式扇形等人工树形。

(六)授粉

由于苹果的自花结实率较低,需配置授粉树或采集花粉进行人工授粉。

(七)主要病虫害防治

苹果的主要病害有炭疽病和黑星病等,侵害叶和果实,可用波尔多液防治。主要虫害有蚜虫,使叶萎缩不伸展,以及红蜘蛛、苹果介壳虫、食心虫,可用 1.8%阿维菌素乳剂 1 500 倍液或 2.5%敌杀死乳剂 1 000 倍液喷杀。

(八)疏果

疏果是盆栽苹果必要措施。疏果时疏内留外,留的果在外面能看得见。疏果从 5 月中下旬开始,疏除所有停止发育的小果,然后再陆续疏去过多的果实。一株盆栽苹果,大形果 20 个左右,中形果 30 个左右为宜,小形果不疏果。

(九)越冬

对于盆栽数量较多的,可采取就地挖沟,将盆体埋住即可,沟视盆体的高度而定。埋藏前,先将盆内及沟内灌足水,待水渗后即可封土。对少量盆栽的苹果,可移入走廊或室内越冬,并注意适量浇水,保持盆内土壤湿润,每月 1 次即可。

第十二节　几种新型调节剂应用技术

一、新型果树促控剂——PBO

该产品由江苏省江阴市果树促控剂研究所研制生产。

（一）作用机制和效果

PBO是集细胞分裂素、生长素衍生物、增糖着色剂、延缓剂、早熟剂、抗旱保水剂、防冻剂、防裂素、杀菌剂、光洁剂及10余种营养素组成的综合果树促控剂。能有效调控花、果中生长素、细胞分裂素和赤霉素的含量比率，从而促进成花和果实发育；还能使叶绿素含量提高，光合效率增加，诱导各种器官营养集中用于果实。

主要功能有促进成花、提高坐果、增大果个、改善品质、提早成熟、防止裂果、提高抗逆性等。同时可生产出无公害果品。

PBO经南京医科大学检测，残留低于国际标准，该产品为微毒类物质，对眼睛无刺激性，皮肤刺激积分为0，皮肤致敏率为0，均低于国家规定的最大限量，生产中无废水、废气排放，无粉尘泄漏，对环境不造成污染，有利于生产无公害食品。

（二）使用方法

花前1周喷250倍液，可提高抗冻性和坐果率；5月下旬喷施，旺树200倍液、中庸树300倍液，可替代环剥，促进成花；7月下旬至8月上旬，再喷1次，可提早着色，增大果个、增糖（2%~4%），提早成熟。

☞ 该产品必须在正常管理、树势健壮的树上应用，否则效果欠佳。

☞ 苹果树环剥后，不宜施用该产品；在中庸树上喷用，可代替环剥；在旺壮树上用，可对旺枝基部辅以一道环割，以保证成花。

☞ 土施残效期为1年，应隔年土施。

☞ 该产品不可与碱性农药混用。

二、天然植物强壮剂——碧护

该产品是由德国科学家依据自然界“植物化感”和生态生化原理，研究开发的植物源产品。由北京成禾佳信农资贸易公司代理销售。

（一）作用机制和效果

碧护内含赤霉素、芸薹素内酯、吲哚乙酸、脱落酸、茉莉酮酸等 8 种天然植物内源激素，10 余种黄酮类催化平衡成分和近 20 种氨基酸类化合物及抗逆诱导剂等。其主要功能有：①活化植物细胞，促进细胞分裂和新陈代谢；②提高作物产量和改善品质；③保花保果、提高坐果率，促进成熟；④提高抗低温、抗干旱、抗病害的能力；⑤有效促进果树根系生长，有利于养分吸收和利用；⑥活化土壤，提高土壤肥力；⑦对农药药害具有良好的解除作用；⑧延长果蔬储藏期，减少果实重量损耗。

该产品符合欧盟法规 No.2092/91、美国农业部/NOP-Final、JAS 日本有机农业标准等要求，允许在有机农业中使用。

（二）使用方法

第一次使用，在果树展叶开花前，用量 3~6g/667m^2 或 10 000~15 000 倍液喷施；第二次使用，在 80%落花后，用量 3g/667m^2 或 15 000 倍液喷施；第三次使用，在果实膨大期，用量 3~6g/667m^2 或 20 000 倍液喷施；采收后可再加喷 1 次，用量 3~6g/667m^2 或 20 000 倍液喷施。

温馨提示

可与强酸强碱性农药及含激素类的叶面肥混用。

喷药时间应在早晨或傍晚前，以利于吸收。

在长势中庸和弱树上使用效果较好。

三、高桩素、保美灵等植物生长调节剂

（一）作用机制与效果

提高果形指数，增加高桩果率，能使元帅系苹果萼端五棱突起，增加坐果率，可提高果重 13%~15%。据作者试验（1992 年），新红星花期喷保美灵，果形指数 1 以上的高桩果率达 32.0%~61.0%，对照仅为 5%。据范俊仁等试验（1997 年），高桩素、保美灵两种药剂对新红星果形指数和高桩果率均有明显影响，但两种药剂差异不明显。据刘凤之等报道（1997 年），保美灵、高桩素对红富士苹果果形指数和端正果率也有明显效果，二者也无明显差异。

（二）使用方法

1.喷布时期

以苹果中心花开放、边花大蕾期到开始落瓣期之间喷布较好。

2.喷布浓度

保美灵 500~1 200 倍液，高桩素 500~800 倍液。红富士系列品种用 500 倍液，新红星系列品种 800~1 200 倍液。

3.喷药质量

药液呈雾状，主要喷于花托和花序周围的叶子上。药液达滴水为度。

温馨提示

喷药时间与条件。气温以25℃左右为宜，选无风、微风和湿度较高的天气进行。一般在每天8时以前、17时以后或夜间喷布，以利药液吸收。若喷后24h内遇雨，应补喷1次。

配药与药械。该药要单独喷布，不能与农药混用。配好药后，应在24 h内喷完，药液中最好加入“吐温20”或“6501”等非离子中性保湿剂或展着剂，以提高药效。药械可选用雾化好的弥雾机或机动喷雾器，忌用喷枪。若用手持袖珍喷雾器，要求在花朵两边打匀。打完药后，须将多余药液抖掉，切忌重喷，否则，易生畸形果。

园、株选择。要求选择树体健壮，土肥条件好的果园，在花期至果实膨大期有良好的空气湿度和土壤湿度时施用。否则，幼果虽然初显高桩，五棱明显，但成熟时，果形仍然趋扁，元帅系果实五棱也不会突出。

四、1-MCP（1-甲基环丙烯）的应用

（一）作用与效果

1-MCP处理除了可以抑制一些生理失调的发展之外，还可以推迟果实的软化、变黄、呼吸高峰的到来、可滴定酸的降低，甚至能降低可溶性固形物含量。呼吸对1-MCP的反应受品种和成熟度的影响。1-MCP还能够抑制果实挥发性物质的产生。消费者调查表明，若1-MCP处理后果实的风味变化不显著，人们还是能够接受1-MCP处理的果实的。

（二）使用方法

1.使用浓度

苹果使用1-MCP处理的适宜浓度是0.5~1.0μl/L，处理浓度不能过高，否则影响到果实挥发性物质的产生。

2.处理时间

在室温下处理时，必须密封处理12h左右；在0℃下处理时，密封处理24h。

3.防冻

应用1-MCP处理后，储藏温度可以适当提高0.5~1.0℃，因为1-MCP处理后，对低温的敏感性提高了，果实易发生冷害。

4.防假

注意选择质量较好的1-MCP产品，因为目前市场上1-MCP类型较多，质量参差不齐，直接影响处理效果。

5.使用对象

适宜于对长期储藏的苹果使用，短期或直接上市的果实没有必要使用。

第十三节　有机绿色无公害苹果生产

一、定义、概念

(一)有机食品苹果

是指来自于有机农业生产体系，按照国际有机农业生产要求和相应标准生产加工的并经独立的有机食品认证机构认证的苹果产品，是真正源于自然，有营养、高品质、环保型的安全食品。有机食品标志如图3-174所示。

▲图3-174　有机食品标志

(二)绿色食品苹果

是指经专门机构认定，允许使用绿色食品标志的无污染的安全、优质、营养食品苹果。绿色食品标志如图3-175所示。其中分两个等级：

▲图3-175　绿色食品标志

1. A级绿色食品

是指在生态环境符合规定标准的产地，生产过程中允许限量使用限定的化学合成物质，按特定的操作规程生产、加工，产品质量及包装经检测、检验符合规定的标准，并经专门机构认定，许可使用A级绿色食品标志的产品。

2. AA级绿色苹果

是指在环境质量符合规定标准的产地，生产过程中不使用任何有害化学合成物质，按特定的操作规程生产、加工，产品质量及包装经检测、检验符合特定标准，并经专门机构认定，许可使用AA级绿色食品标志的产品。

（三）无公害食品苹果

是指产地环境、生产规程和产品质量符合国家有关标准和规范的要求，经认证合格，获得认证证书并允许使用无公害农产品标志的、未经加工或初加工的食用农产品无公害产品标志。

二、符合相关标准与条件

（一）有机食品苹果

1.生产原料

原料必须来自已建立的有机农业生产体系，或采用有机方式采集的野生天然产品。

2.生产过程

产品在整个生产过程中有完善的质量控制和跟踪审查体系，有完整的生产和销售记录档案。

3.加工流通过程

生产者在有机食品流通过程中，严格遵循有机食品的加工、包装、储藏和运输标准。

4.标志使用

必须通过独立的有机食品认证机构的认证，持标销售。

（二）绿色食品苹果

1.生产原料

产品和产品原料产地必须符合绿色食品生态环境标准；农业初级产品或食品的主要原料，其生长区域内没有工业企业的直接污染，水域上游、上风口没有污染源对该区域构成污染威胁。该区域内的大气、土壤、水质均符合绿色食品生态环境标准，并有一套保证措施，保证该区域在今后的生产过程中环境质量不下降。

2.生产过程

必须符合绿色食品生产操作规程。农药、肥料等生产资料的使用必须符合《生产绿色食品的农药使用标准》和《生产绿色食品的肥料使用标准》。

3.标志使用

产品的包装、储运必须符合绿色食品的包装储运标准，并持标销售。

（三）无公害食品苹果

1.生产产地

产地符合无公害农产品产地环境标准，区域范围明确，具备一定生产规模。

2.生产过程

生产过程符合无公害农产品生产技术标准，具备一定生产规模。有相应的专业技术和管理人员。有完善的质量控制措施，有完整的生产和销售记录档案。

3.标志使用

产品的包装、储藏、销售必须符合无公害食品苹果的要求，并持标销售。

三、苹果安全质量

（一）绿色苹果卫生要求

绿色苹果的卫生要求，一是农药残留量不能超过规定的限量标准；二是稀土、氟、重金属含量不能超过规定的限量标准（表 3–10）。

表 3－10　绿色苹果的卫生标准

项　目	指标(mg)	项　目	指标(mg)
镉	≤0.03	敌敌畏	≤0.02
汞	≤0.005	乐果	≤0.02
铅	≤0.05	六六六	≤0.05
砷	≤0.1	杀螟硫磷	≤0.02
倍硫磷	≤0.02	氟	≤0.05
滴滴涕	≤0.05		

（二）无公害苹果卫生要求

根据 GB 18406—2001《农产品安全质量》，无公害水果的安全要求，见表 3–11。

表 3－11　无公害水果安全要求

项　目	指标(mg)	项　目	指标(mg)
砷	≤0.5	克百威	不得检出
汞	≤0.01	水胺硫磷	≤0.02
铅	≤0.2	六六六	≤0.2
铬	≤0.5	滴滴涕	≤0.1
镉	≤0.03	敌敌畏	≤0.2
氟	≤0.5	乐果	≤1.0
亚硝酸盐($NaNO_2$)	≤4.0	杀螟硫磷	≤0.4
硝酸盐($NaNO_3$)	≤400	倍硫磷	≤0.05
马拉硫磷	不得检出	辛硫磷	≤0.05
对硫磷	不得检出	百菌清	≤1.0
甲拌磷	不得检出	多菌灵	≤0.5
甲胺磷	不得检出	氯氰菊酯	≤2.0
久效磷	不得检出	溴氰菊酯	≤0.1
氧化乐果	不得检出	氰戊菊酯	≤0.2
甲基对硫磷	不得检出	三氟氯氰菊酯	≤0.2

四、苹果国家和行业标准

（一）苹果国家标准

GB/T 9980—1988 辐照苹果卫生标准

GB/T 10651—1989 鲜苹果

GB/T 13607—1992 苹果、柑橘包装

GB/T 18527—2001 苹果辐射保鲜工艺

（二）苹果农业行业标准

NY 29—1987 果酱通用技术条件

NY/T 268—1995 绿色食品　苹果

NY/T 439—2001 苹果　外观等级标准

NY/T 5011—2001 无公害食品　苹果

NY/T 5012—2002 无公害食品　苹果生产技术规程

NY/T 5013—2001 无公害食品　苹果产地环境条件

（三）商业行业标准

SB/T 10064—1992 苹果销售质量

SB/T 10085—1992 苹果脯

SB/T 10088—1992 苹果酱

SB/T 10199—1993 苹果浓缩汁

第十四节　典型示范园简介

一、三门峡二仙坡现代果业示范园

三门峡二仙坡现代果业示范园，位于河南省陕县大营镇南部丘陵浅山区。平均海拔1 030m，年均气温13.5℃，昼夜温差大。果品生产基地远离工业区，水质优良，土层肥沃，空气清新，无工业“三废”污染。2005年被农业部评定为AA级生态区，是生产优质高档苹果的最佳区。公司苹果园总面积200hm²，进入盛果期130hm²以上。2003年2月在国家工商总局注册了“二仙坡”品牌。2005年获得国家级绿色食品证书。2006年首批通过了国家、国际双重GAP认证，取得了对英国、法国、德国等61个国家的出口权，成为“河南一号”品牌；2007年“二仙坡”牌苹果荣获河南省农业厅“河南名牌农产品”证书。

公司以“坚持绿色农业理念、保护生态环境资源、实施标准化生产、打造‘二仙坡’品牌、龙头带动产业发展”为经营理念。该园先后被评定为：绿色农业示范单位；有机苹果标准化示范区。农业部标准苹果园正在建设之中。

2010年二仙坡绿色果业基地被农业部确定为国家标准园创建单位。“规范化管理，标准化生产，商品化处理，品牌化销售，产业化经营”是农业部对标准果园的要求。

“二仙坡绿色果业基地”，聘请中国农业科学院果树研究所首席果树专家汪景彦研究员为技术顾问，“松塔”树形创始人、高级农业专家纵敏先生为技术总监，严格按照国家绿色果品生产技术规程进行生产管理，探索出一套效果显著的《绿色食品苹果生产技术规程》。

1.组建标准体系

自2000年组建起，坚持按照标准化生产要求，按照标准要求组织绿色食品生产。整合国家、行业、地方和企业标准62项（其中：质量标准37项；工作标准14项；管理标准11项），形成二仙坡绿色食品苹果生产的质量管理体系。

2.实施“五个统一”

二仙坡绿色果业是一个股份制企业，200hm² 苹果分布在集中连片的六个分场生产。生产管理实施“五个统一”的管理模式，即采用“统一技术指导标准，统一病虫害防治配方、统一树形整形修剪、统一操作管理规程，统一品牌包装销售”。

3.应用“八项实用技术”

（1）施用生物肥料改善土壤理化性状和营养条件。

（2）采用“松塔”树形，树势壮而不旺，光照好，品质优，易成花，产量稳。

（3）采用物理、生物方法防治病虫害，降低有害化学物质残留。

（4）田间种草覆草，增加土壤有机质，减少水分蒸发。

（5）全园套纸袋，提高果实外观品质。

（6）全园滴灌，满足果树水分需求。

（7）采取壁蜂授粉技术，提高坐果率。

（8）地面覆盖反光膜，促进果实着色。

4.建立生态保护制度

公司采取源头治理和过程消减的清洁生产措施。

（1）严禁田间焚烧，确保生产区空气环境质量达到 AA 级标准。

（2）严禁用毒饵灭鼠，严禁打蛇扑鸟。设立专人刨鼠，狗、猫、蛇、鸟生物灭鼠。

（3）生活用水集中排放，不用生活用水浇灌果园。

（4）农药包装物集中回收，统一无害化处理，使能源、资源得到合理有效的利用，确保 AA 级绿色食品生产基地这块净土。

5.二仙坡示范园园貌

如图 3-176、图 3-177 所示。

▲图 3-176　二仙坡示范园硕果累累

▲图 3-177　二仙坡示范园园貌

二、甘肃省天水市麦积区南山万亩花牛苹果基地

南山万亩花牛苹果基地，位于甘肃省天水市麦积区马跑泉镇稠泥河、花牛镇横河和甘泉镇大江沟流域，平均海拔 1 400m，是生产优质高档苹果的最佳区，总面积 100km²，涉及花牛、马跑泉、甘泉 3 镇 26 村，受益农户 5 444 户 24 220 人，目前基地新老果园总面积达 8 000hm²：新修主干道路基 55km²，水泥硬化路面 28km²，农机路网 215km²，建成上水工程 2 处，整修梯田 180hm² 以上。

基地坚持"绿色农业理念、保护生态环境资源、实施标准化生产、龙头带动产业发展"为经营理念。采用"统一规划，综合管理；部门协调，整体推进；整合项目，整合资金；积极探索，大胆创新"的办法。划分区域，分片承包。聘请技术人员在各自的承包区域内适时指导和帮助果农对果树进行修剪、铺膜、拉枝、施肥等果园管理；督促镇村干部抓好果园套种和病虫害防治工作；提供市场信息、扶持新技术试验等方面费用；帮助一些缺乏劳力、资金、技术的农户进行果园管理；适时对果园管理情况进行总结分析，鼓励先进，带动全面。通过基地示范带动，面积迅速扩大，花牛苹果产量、质量进一步提高，全区花牛苹果面积已达 16 666.7hm²，花牛苹果挂果面积 10 666.7hm²，产量达 160kt，产值 4.8 亿元。花牛苹果已成为当地农民增收、农业增效的支柱产业，已具备品牌上风、基地上风和市场上风，被众多中外专家和营销商评价为可与美国蛇果、日本富士齐名的知名苹果品牌，是海内唯独可与美国蛇果相媲美的品牌。麦积区南山万亩花牛苹果基地，如图 3-178、图 3-179 所示。

▲图 3-178　南山万亩花牛苹果基地园貌

▲图 3-179　南山万亩花牛苹果基地硕果累累

第四章 病虫害防治技术

第一节　物理防治

物理防治是指通过创造不利于病虫发生但却有利于或无碍于苹果树生长的生态条件的防治方法。它可通过病虫对温度、湿度、光谱、颜色、声音或相关习性等的反应能力，用调控办法来控制病虫害发生或杀死、驱避、隔离害虫。苹果生产中常用的害虫物理防治技术主要有诱虫带、杀虫灯、粘虫板、果实套袋等。

一、诱虫带

苹果园内许多害虫具有潜藏越冬性，休眠时寻找理想越冬场所。果树专用诱虫带，利用害虫的这一特性，人为设置害虫冬眠场所，集中诱集捕杀，以达到减少越冬虫口基数、控制翌年害虫种群数量的目的。

1.具体用法

在害虫潜伏越冬前的 8~10 月，将诱虫带对接后用胶布绑扎固定在果树第一分枝下 5~10cm 处，或各主枝基部 5~10cm 处，诱集沿树干下爬，寻找越冬场所的害虫，如图 4-1、图 4-2 所示。

▼图 4-1　果园树干基部绑诱虫带

◀图 4-2　果园树干基部绑诱虫带

一般待害虫完全潜伏休眠后到出蛰前（12 月至翌年 2 月底），集中解下诱虫带烧毁或深埋。

2.防治对象

诱获的害虫有叶螨类、康氏粉蚧、卷叶蛾、毒蛾等。

二、杀虫灯

杀虫灯是利用果园害虫的趋光、趋波的特性，选用对害虫有极强诱杀作用的光源与波长，引诱害虫扑灯，再通过高压电网杀死害虫的工具。

1.具体用法

在果园内按棋盘式或闭环状设置安装点，灯间距 100~120m，距地高度 1~1.5m，如图 4-3、图 4-4 所示。

安装时需将灯挂牢固定，使用时间依据各地日落情况，一般在傍晚开灯，凌晨左右关灯。

2.防治对象

金纹细蛾、苹小卷叶蛾、桃小食心虫、梨小食心虫、天牛、金龟子等。

▼图 4-3　苹果树间挂杀虫灯

▲图 4-4　果园杀虫灯诱杀害虫状

三、粘虫板

粘虫板是一种绿色环保、无公害、易操作的物理杀虫产品，是无公害果品生产中防治害虫的有效方法之一。

1.具体用法

粘虫板一般在果园害虫发生初期使用，使用时垂直悬挂在树冠中层外缘的南面。可以先悬挂 3~5 片监测虫口密度，当诱虫板诱到的虫量增加时，每 667m^2 果园悬挂规格为 15cm×20cm 的黄色与蓝色粘虫板 25~30 片，如图 4–5 所示。

▲图 4–5　苹果园悬挂诱虫黄粘板

当害虫粘满诱虫板时，用竹片或其他硬物及时将死虫刮掉，然后重涂一次药油，继续使用。使用过程中要严格掌握摘取时间，天敌种群高峰期应及时摘除，否则将会诱杀到天敌昆虫。

2.防治对象

蚜虫、粉虱、斑潜蝇、蓟马等。

四、果实套袋

果实套袋技术是近年来在全国各地推广的提高果实品质的有效措施之一，其最大的好处是将果实与外界隔绝，病虫难以侵害果实，不但可有效防止病虫害，而且可减少果实农药残留，生产绿色果品。

1.套袋方法

从落花后 1 周开始，先喷 1 次内吸性杀菌剂，间隔 10 天左右再喷 1 次杀菌剂，然后

开始套袋，在套袋期间出现降雨，未套袋的部分果树重新补喷杀菌剂，如图 4-6、图 4-7 所示。

▶图 4-6　果实套袋

▼图 4-7　全树套袋状

2.摘袋时期

根据各地具体的气候条件确定，双层袋要先摘外袋，隔 3~5 天再去内袋，并配合摘叶转果加速着色。

第二节 农业防治

农业防治是防治苹果树病、虫、草害所采取的农业技术综合措施，它一是通过调整和改善苹果树的生长环境，增强苹果树对病、虫、草害的抵抗能力；二是通过创造不利于病原物、害虫和杂草生长发育或传播的条件，来达到控制、避免或减轻病、虫、草危害的目的。农业防治如能同物理防治、化学防治等配合进行，可取得更好的效果。

苹果生产中常用的农业防治措施有：土肥水管理、改善果园光照、改变生境等。

一、土肥水管理

果园的土、肥、水管理传统认为是果树栽培措施，但实际上其与果树病虫害的发生有着密切的关系，其相关措施的合理应用，不但对增强树势、提高果树抵御病虫害能力有重要作用，而且还能对一些生活习性与土、肥、水关系密切的病原物、害虫及杂草起到较好的防治作用。如及时深翻土壤，不但可以增强土壤的通透性，而且可以使在深层土壤生存和越冬的病虫害暴露，土壤表层的杂草种子翻入地下，起到一定的防治作用；多施用有机肥，少施含氮量高的化学肥料可以降低叶螨对叶片的危害等；果园生草利于园内土壤和空气温湿度的调节，有助于提升果园生物丰富度（图 4–8）；树盘覆盖地膜可阻止害虫钻出土表，同时膜下高温可杀死部分害虫（图 4–9）等。

▼图 4–8 果园生草

▲图 4–9　地膜覆盖

二、改善光照

果园光照的改善，不但可以改善树体和果实的光照条件，而且还可以起到增强果园行间和株间的通风作用。一般情况下，通风透光差、相对郁闭的果园病虫害发生的概率和程度普遍偏高，因此改善果园光照，可以通过创造不利于病虫害发生的条件，来达到降低病虫危害的目的。改善光照的措施主要是整形修剪，如图 4–10~图 4–13 所示。

▶图 4–10　春季疏除过密枝

◀图 4-11　夏季剪除旺枝、密枝

◀图 4-12　苹果园修剪后的高光照

◀图 4-13　高通风透光苹果园

三、改变病虫害生存环境

生存环境包括土壤、水分、光照、空气等，直接影响昆虫和病菌的生存和发展。通过人为的改变生存环境中的某些因素，可有效控制病虫害的危害。在苹果生产中的应用主要包括:清洁果园,将虫果、落叶、带卵枝条等进行集中烧毁或深埋，以降低翌年害虫基数,如金纹细蛾、卷叶虫、桃小食心虫、叶螨等;减少间作,以降低二斑叶螨、鳞翅目食叶害虫等杂食性害虫在果园的发生等。如图 4–14、图 4–15 所示。

▲图 4–14　落果是病虫害的主要传媒

▲图 4–15　落叶是病虫的主要传媒

四、刮治树皮

对枝干病害，在果树休眠期和春季树体萌动后及时刮去枝干上的病斑树皮并烧毁,以降低初始菌源量,并及时涂药,结合冬剪剪除病枝、枯枝,并将剪下的枝条清除出果园深埋或烧毁。避免苹果树与杨、柳、槐、桃树等混栽,避免树种间病害的交叉侵染。如图 4–16、图 4–17 所示。

▼图 4–16　刮去腐烂病病斑

▼图 4–17　轻刮树皮防治枝干轮纹病

第三节　生物防治

生物防治就是利用生物种间和种内的捕食、寄生等相互关系，用一种生物防治另外一种生物，或利用环境友好的生物制剂等杀灭病虫，以达到防治病虫的目的。苹果生产上经常采用的生防措施主要包括：

一、引进、释放天敌

目前世界范围内生产的昆虫和螨类天敌主要有寄生蜂、捕食螨、小花蝽、草蛉和瓢虫等。如图 4-18~图 4-24 所示。

▼图 4-18　田间释放捕食螨

▲图 4-19　捕食螨捕食山楂叶螨

▲图 4-20　草蛉成虫

▲图 4-21　草蛉幼虫

▲图 4-22　瓢虫幼虫

▲图 4-23　瓢虫成虫

▲图 4-24　食蚜蝇幼虫

此外还有少量的昆虫病原线虫和昆虫病源微生物。

果园中可以应用的主要天敌见表 4-1。

表 4－1　果园主要天敌种类

类别	天敌	防治对象
捕食螨	胡瓜钝绥螨、智利小植绥螨、西方盲走螨等	蓟马、害螨、粉虱等
瓢虫	七星瓢虫、深点食螨瓢虫、光缘瓢虫等	蚜虫、害螨、粉虱、介壳虫等
草蛉	普通草蛉、叶通草蛉、红通草蛉等	蚜虫、粉虱、鳞翅目幼虫卵等
寄生蜂	绵蚜小蜂、赤眼蜂、丽蚜小蜂等	绵蚜、鳞翅目幼虫、粉虱等
捕食蝽	小花蝽、欧原花蝽、大眼长蝽等	蓟马、蚜虫、粉虱、叶螨等
双翅目	食蚜瘿蚊、食蚜蝇等	蚜虫、叶螨等
螳螂	中华大刀螳、薄翅螳螂等	多种害虫

二、性诱剂

在生产上应用的人工合成的昆虫性信息素一般叫性引诱剂，简称性诱剂。用性诱剂防治害虫，高效、无毒 、无污染，是一种无公害治虫技术。目前性诱剂产品多做成诱芯，性诱剂的使用也十分简便，操作时依据说明合理安排设置密度，对害虫具有较好的防治效果。

苹果生产上常用的性诱剂包括：桃小食心虫性诱剂、梨小食心虫性诱剂、金纹细蛾性诱剂、苹小卷叶蛾性诱剂等。其作用体现在虫情测报、延迟交配和迷向等方面。使用情况如图 4-25~图 4-30 所示。

▲图 4-25　桃小性诱剂

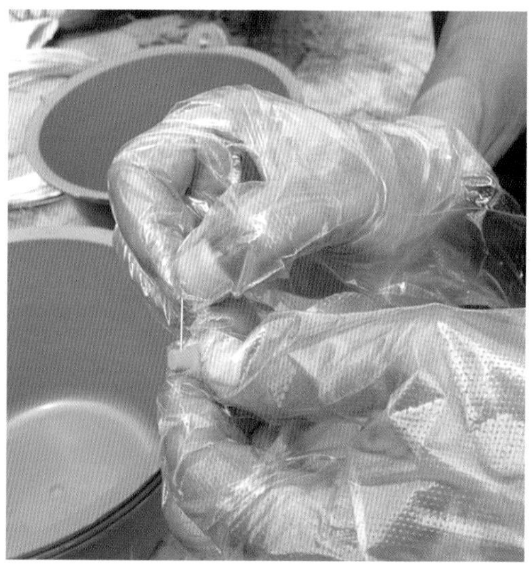

▲图 4-26　性诱剂诱捕器制作

▲图 4-27　胶条式性干扰剂

▲图 4-28　田间悬挂性诱剂诱捕器

▲图 4-29　利用诱捕器诱虫

◀图 4-30　诱捕到的桃小食心虫成虫

三、生物农药

生物农药是指利用生物活体(真菌、细菌、昆虫病毒、转基因生物、天敌等)或其代谢产物(信息素、生长素等)针对农业有害生物进行杀灭或抑制的制剂。其与常规农药的区别在于其独特的作用方式，即低使用剂量和靶标种类的专一性，有利于环境和食品安全。目前苹果生产防治果园病虫的常用生物农药种类及防治对象见表 4–2。

表 4－2　苹果园常用生物农药及防治对象

制剂名称	防治对象
Bt 制剂	桃小食心虫、金纹细蛾、尺蠖、舞毒蛾、刺蛾等多种鳞翅目幼虫
阿维菌素	二斑叶螨、山楂叶螨、苹果全爪螨、绣线菊蚜、金纹细蛾等
灭幼脲	金纹细蛾等鳞翅目害虫
杀铃脲	桃小食心虫、金纹细蛾等
杀虫双	山楂叶螨、苹果全爪螨、卷叶蛾、梨星毛虫等
绿僵菌、白僵菌	桃小食心虫等果园鳞翅目害虫
农抗 120	苹果白粉病、炭疽病、腐烂病等
多抗霉素	苹果斑点落叶病、苹果霉心病、苹果黑点病
井冈霉素	苹果轮纹病、褐腐病等
哈茨木霉	果树白绢病
腐必清	苹果树腐烂病

四、果园生草

果园生草作为一项生防措施，主要体现在能有效改善果园的生态环境，增加瓢虫、草蛉、捕食螨等天敌的数量。另外也可使一些害虫由危害树体转为危害草，从而降低果园害虫对果树的危害程度，减少化学农药的使用量。

第四节　化学防治

化学防治是用化学药剂的毒性来防治病虫害。化学防治是目前苹果生产中病虫防治的主要措施，也是综合防治中一项重要措施。

一、预测预报

果树病虫害预测预报，简称病虫测报，就是系统、准确监测病虫害发生动态，对其未来发生危害趋势作出预测，是进行化学防治和其他防治的基础。苹果园主要害虫的虫情测报方法，见表4–3。

表4–3　苹果园主要害虫的虫情测报方法

病虫种类	测报方法
桃小食心虫	越冬幼虫出土观测，一般采用树下盖瓦片和人工埋越冬茧的方法，预测越冬成虫出土时间；成虫发生期预测，主要采用性诱剂诱捕雄虫；田间卵量发生量预测，是化学防治期确定的关键，一般采用人工调查50～100株树，随机调查500个果，当卵果率达1%时，即可进行树上喷药防治
苹果小卷叶蛾	越冬基数调查，一般采用田间观测的方法，采用五点调查法，每园取5株树，抽查剪口、主枝枝杈等处越冬虫量；越冬幼虫出蛰期调查选点方法相同，于萌芽时开始，2天统计1次固定枝条花芽上幼虫，统计后将虫去除，直到出蛰结束；成虫预测，可采用糖醋液和性诱剂诱捕法，也是在果园内五点悬挂性诱剂
金纹细蛾	越冬基数调查，采用于果园内随机采集落叶200片，查看越冬蛹数的方法；出蛰成虫发生测报，采用性诱剂诱捕法，于早春在果园内五点选树，悬挂诱捕器，每天早晨调查成虫量。
苹果全爪螨	越冬卵孵化调查，选择在早春花芽萌动前，在果园内五点取样选定5株树，每树兼顾不同方位选取5～10个点，每点定10～30粒卵，2天调查1次孵化情况；生长季虫口密度调查，取样方法同金纹细蛾，从越冬卵孵化结束时开始，每树按东、南、西、北、中五个方位各随机调查5片叶，记载虫量
山楂叶螨	越冬成虫出蛰期调查，于4月初开始，选择上年危害较重的树，在树干主枝基部用刀刮除粗翘皮宽度20cm±，涂上白油漆，待干后涂上凡士林或黄干油。每天下午检查1次出蛰虫数；生长季虫口密度调查同苹果全爪螨
二斑叶螨	越冬成虫出蛰期调查同山楂叶螨；生长季虫口密度调查同苹果全爪螨

续表

病虫种类	测报方法
苹果树腐烂病	发病期预测，从 2 月上中旬开始，选发病较重树 10 ~ 20 株，每 3 ~ 5 天调查 1 次，一旦见到新发病斑，即为发病开始；分生孢子发生期预测：2 月下旬开始，选感病品种红富士等 2 ~ 5 株，每株选 1 块较大病斑，不刮治，在距病斑 4 ~ 6mm 处挂上涂有凡士林的载玻片，每 2 ~ 4 天观察孢子数量
苹果轮纹病	孢子捕捉，在园内选感病品种中枝干病斑较多的树 4 株，将涂有凡士林的载玻片固定在距病枝干 5 ~ 10cm 处。每 3 天观察孢子数量。物候期观察
苹果斑点落叶病	孢子捕捉，在园内选感病品种或上年发病较重的品种树 5 株，在每株树的东、西、南、北、中 5 个方位上挂 5 片涂有凡士林的载玻片，于花后每 5 ~ 7 天调查孢子数量；田间调查：园内选历年发病较重的感病品种树 5 ~ 10 株，于花后 5 ~ 7 天调查 1 次，每次检查 500 ~ 1 000 个叶片
苹果褐斑病	同苹果斑点落叶病

二、药剂防治关键时期

病虫危害分为初发、盛发、末发 3 个时期。虫害和叶部多次侵染病害应在发生最小、尚未开始大量爆发之前防治，将其控制在初发阶段，而对于具有潜伏侵染的枝干病害，既要在快速扩展前期进行及时刮治，还要注重其孢子释放高峰和侵染高峰期的及时喷药防治。

抓住关键时期用药，不仅可以降低用药量，还可以起到较好的防治效果。如图 4-31~图 4-33 所示。

▼图 4-31　早春喷洒农药杀灭越冬病虫

▲图 4-32　夏季根据测报及时喷药

▼图 4-33　机动弥雾式喷药机

苹果园主要病虫的防治关键时期见表 4-4。

表 4-4 苹果园主要病虫的防治关键时期

病虫种类	防治关键时期
桃小食心虫	地面防治:当诱捕器连续 2~3 天诱到雄蛾时,进行第一次地面施药防治,间隔 15 天再防 1 次;树上喷药:当桃小成虫开始陆续产卵,田间卵果率达 0.5%~1% 时进行树上喷药。以后 10~15 天再喷 1 次,连喷 2 次
苹果全爪螨 山楂叶螨 二斑叶螨	越冬卵孵化盛期及第一代幼、若螨发生盛期,是该螨药剂防治的关键时期。依据测报结果,当每叶叶均螨数达 3~4 头时即可进行树上喷药,7 月以后其防治指标可放宽到每叶 6~8 头
苹果小卷叶蛾	越冬幼虫出蛰盛期以及以后各代初孵幼虫卷叶前为防治关键时期
金纹细蛾	第一代成虫发生盛末期及第二代卵盛期为防治关键时期。可依据性诱剂内蛾量判定成虫发生盛期
绣线菊蚜	树体喷药防治的关键时期为果树春梢和秋梢生长期,蚜虫发生量较大时
苹果绵蚜	全年生长期的第一个防治关键时期是果树萌芽后至开花前,可杀灭越冬虫源;第二个关键时期是 5 月下旬,以控制其扩散危害
苹果树腐烂病	发病前:发病前进行孢子捕捉预测,当观察孢子基数或孢子数急剧增加时,即为孢子飞散盛期,可喷药保护。发病期:一旦见到新发病或旧病复发,即为发病开始,应开始及时刮治
苹果轮纹病	孢子捕捉:孢子数急剧增加时即开始喷药,物候期观察日平均气温达 15℃ 左右,此时遇 10mm 左右的降雨时,应立即喷药防治
苹果斑点落叶病	孢子捕捉:若田间发现病菌孢子,或田间调查发现病斑,应立即喷药防治
苹果褐斑病	同苹果斑点落叶病
苹果炭疽病	孢子捕捉:若田间发现病菌孢子,应立即喷药防治
苹果锈病	物候期观察 3 月后若有降雨大于 15mm,且其后连续 2 天的相对湿度大于 90%,应开始喷药防治

三、按经济阈值打药

经济阈值是指有害生物达到对被害作物造成经济允许损失水平时的临界密度。在此密度下应采取控制措施,以防止有害生物种群继续发展而达到经济危害水平。在有害生物密度过低或过高时,应综合考虑经济效益和环境因素,具有选择性地确定是否用药防治。

四、挑治

所谓“挑治”就是选择有病虫危害的植株,进行药剂防治,是减轻生产成本、提高经济效益的有效措施,也相对有益于生态平衡、保护天敌。

在果园内发生量小,传播速度慢的害虫可采用“挑治”的方法,如尺蠖、金龟甲、蚜虫、天牛等。苹果腐烂病等枝干病害,一旦发生应立即刮除病斑,并及时涂药,针对个别发病较重的果树应补充营养,提高树势,增强抗病能力;果树根腐病等根部病害一旦发

生，应及时用高浓度杀菌剂进行灌根治疗，或挖除病树，防止病菌传播。

五、药剂选择

防治果园病虫尽可能选择专性杀虫、杀菌剂，少使用广谱性农药。同时要考虑病虫的种类和危害方式等，如防治咀嚼式口器害虫，选择胃毒作用的杀虫剂；刺吸式害虫，选择内吸性强的杀虫剂。另外，应根据果品生产要求选择用药，如严格按照无公害、绿色和有机食品生产标准中对农药的使用规定使用农药。

六、合理施药

（一）药械选择

根据树体大小合理选择施药器械。

（二）农药选择

选择病虫杀灭率高对天敌又相对安全的农药种类。

（三）用药时期

把握病虫防治的关键时期。

（四）施用方法

树体全面施药，重点部位要适当细喷。

（五）避免药害

注意避免药害，选择果树安全阶段用药。

（六）延缓病虫害抗性

病虫的防治不一定要赶尽杀绝，尽量避免随意提高用药浓度和频繁施药，以降低病虫抗药性产生的速度。

（七）合理混用

混用农药时不应让其有效成分发生化学变化，如酸碱性农药不能混用；不能破坏药剂的药理性能，如两种可湿性粉剂混用，则要求仍具有良好的悬浮率及湿润性、展着性能；必须确保混用后不产生药害等副作用；要保证混用后的安全性，农药混用后要确保不增加毒素，对人畜要绝对安全；混用品种间的搭配要合理，成本要合理；要明确各种有效成分单剂使用范围之间的关系，混用农药品种要求具有不同的作用方式和兼治不同的防治对象，以达到农药混用后扩大防治范围、增强防治效果的目的。混剂使用后，果品的农药残留量还应低于单用药剂。

（八）均匀施药

使用高射程喷头喷药时，应随时摆动喷枪，喷药时尽量成雾状，叶面附药均匀，保证叶片和果实的最大持药量，减少药液损失。喷药范围应互相衔接，不得出现空白喷不到的地方，着重注意喷叶背面，合理混加增效剂或展着剂。

第五节 几种主要病虫的防治措施

一、桃小食心虫

(一)危害症状

幼虫蛀害幼果，由入果孔溢出泪珠状汁液，干固成白色蜡状物，受害幼果发育成凸凹不平的畸形果，幼虫钻出果外，果面留有较大虫孔，孔外有时附着虫粪。如图 4-34~图 4-37 所示。

▲图 4-34 初孵幼虫钻蛀在果面形成"泪滴"

▲图 4-35 危害形成的畸形果

▲图 4-36 老熟幼虫脱果排出虫粪

▲图 4-37 桃小食心虫危害状

(二)害虫识别

1.成虫

体长 7mm 左右，身体灰褐色，复眼红褐色，前翅灰白色，中部近前缘有 1 个金色三角形蓝黑色斑，翅面有 7~9 簇斜立毛丛，后翅灰色；雌蛾下唇须长、前伸如剑；雄蛾下唇须短，向上弯曲。如图 4–38、图 4–39 所示。

2.卵

近圆桶形，初产时黄白色，渐变为橙红色至深红色，卵面密生小点，顶部略宽，卵顶周围有 2~3 圈“Y”形刺。如图 4–40 所示。

3.幼虫

老熟幼虫长约 12mm、纺锤形、头褐色、前胸背板深褐色、身体桃红色。如图 4–41 所示。

4.蛹

长约 7mm，黄白色，近羽化时灰黑色。如图 4–42、图 4–43 所示。

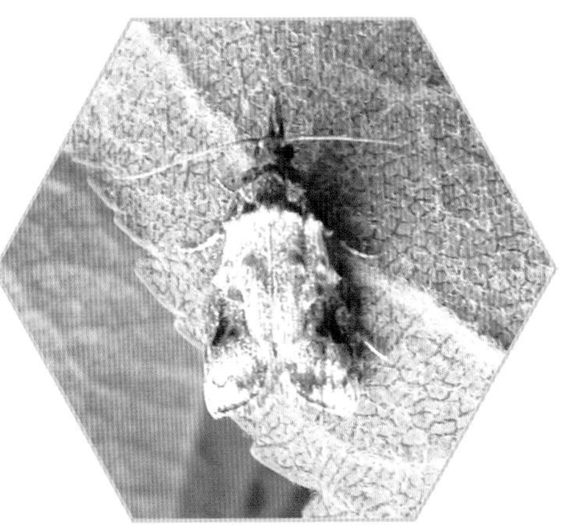

▲图 4–38 桃小食心虫雌虫

▲图 4–39 桃小食心虫雄虫

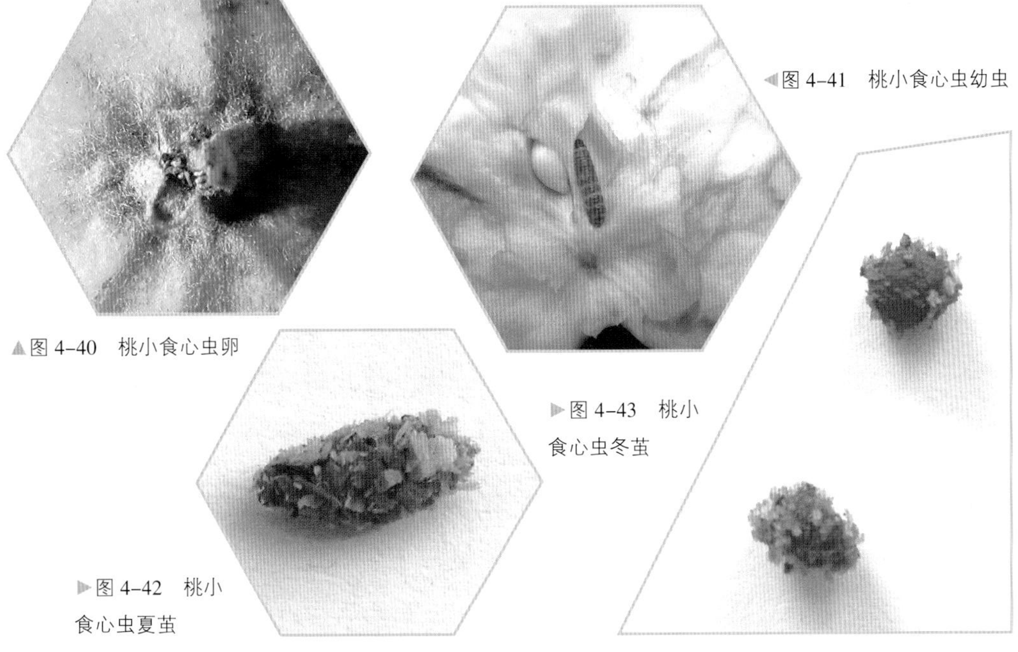

▲图 4–40 桃小食心虫卵

◀图 4–41 桃小食心虫幼虫

▶图 4–42 桃小食心虫夏茧

▶图 4–43 桃小食心虫冬茧

▲图 4-44　早春地面覆膜

▲图 4-45　夏季苹果园覆膜

（三）防治方法

桃小食心虫的防治应采用地下防治与树上防治，化学防治与人工防治相结合的综合防治原则。根据虫情测报开展适期防治是提高好果率的关键一环。

1.农业防治

冬季翻耕可将越冬幼虫深埋土中，将其消灭；地面盖膜可阻挡越冬幼虫出土和羽化的成虫飞出危害，如图 4-44~图 4-46 所示。

摘除或捡拾虫果可有效降低园内虫口基数。

果实套袋可高效控制食心虫危害，如图 4-47 所示。

▲图 4-46　地面覆无纺布

▲图 4-47　地面盖膜和果实套袋阻挡害虫

2.生物防治

可喷施阿维菌素、Bt、绿僵菌、白僵菌等生物农药防治。还可人工释放赤眼蜂等天敌，同时注意保护甲腹茧蜂、中国齿腿姬蜂等自然天敌。

3.药剂防治

（1）树下地面防治　根据幼虫出土的监测，当幼虫出土量突然增加时，即幼虫出土达到始盛期时，应开始第一次地面施药。可用 40%毒死蜱微乳剂 300 倍液，均匀喷洒在树盘内。

（2）树上药剂防治　依据田间系统调查，当卵果率达 1%~1.5%时，应立即喷洒 2.5%高效氯氟氰菊酯水乳剂 3 000~4 000 倍液，或20%甲氰菊酯微乳剂 3 000 倍液，或 2.5%高效氟氯氰菊酯水乳剂 3 000 倍液，均有较好的防效。如图 4–48、图 4–49 所示。

▲图 4–48　田间观测

▲图 4–49　喷洒农药

二、苹小卷叶蛾

（一）危害症状

幼虫吐丝缀连叶片，潜居缀叶中食害，新叶受害严重，当树上有果实后，常将叶片缀贴在果实上，幼虫啃食果皮及果肉，幼虫舔食的果面呈一个个小洼坑。如图 4–50、图 4–51 所示。

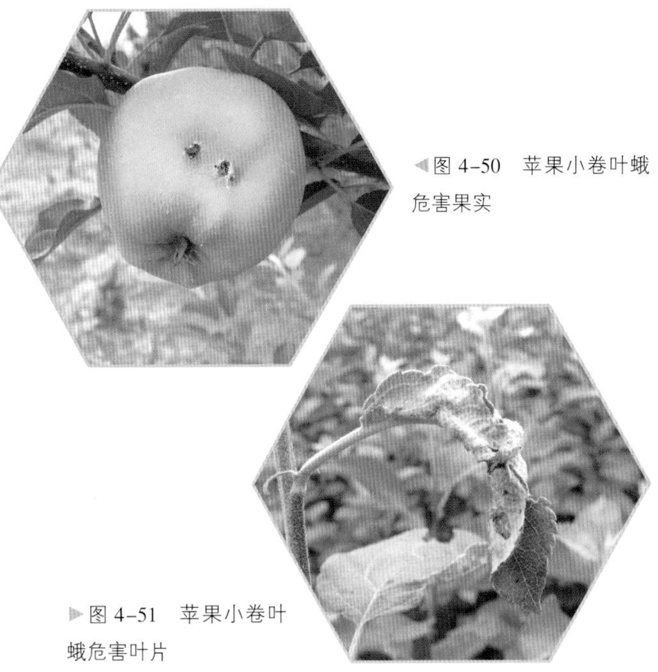

◀图 4–50　苹果小卷叶蛾危害果实

▶图 4–51　苹果小卷叶蛾危害叶片

▲图 4–52　苹果小卷叶蛾卵

▲图 4–53　苹小卷叶蛾幼虫

(二)害虫识别

1.卵

扁平椭圆形,淡黄色半透明,数十粒排成鱼鳞状卵块。如图 4–52 所示。

2.幼虫

身体细长，头较小呈淡黄色。小幼虫黄绿色,大幼虫翠绿色。如图 4–53 所示。

3.蛹

黄褐色,腹部背面每节有刺突两排,下面一排小而密，尾端有 8 根钩状刺毛。如图 4–54 所示。

4.成虫

体黄褐色。前翅的前缘向后缘和外缘角有两条浓褐色斜纹,其中一条自前缘向后缘达到翅中央部分时明显加宽。前翅后缘肩角处及前缘近顶角处各有一小段褐色纹。如图 4–55 所示。

▼图 4–54　苹小卷叶蛾蛹

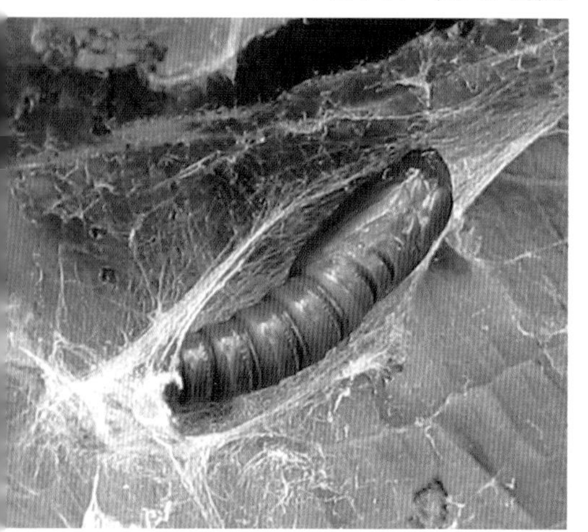

▼图 4–55　苹小卷叶蛾成虫

（三）防治方法

1.农业防治

早春刮除树干和剪锯口处的翘皮，消灭越冬的幼虫。在果树生长期，经常用手捏死卷叶中的幼虫，减轻其危害。如图 4-56、图 4-57 所示。

2.生物防治

（1）放蜂防治　在越冬代成虫产卵盛期，释放松毛虫赤眼蜂进行防治。根据苹果小卷叶蛾性外激素诱捕器诱蛾数，在成虫出现高峰后第三天开始放蜂，以后每隔 5 天放蜂 1 次，共放蜂 4 次。每次每树放蜂量分别为：第一次 500 头，第二次 1 000 头，第三次、第四次均为 500 头。

（2）喷药防治　喷施苏云金杆菌、杀螟杆菌、白僵菌等微生物农药防治幼虫。

（3）利用其他天敌防治　天敌昆虫包括拟澳赤眼蜂、卷叶蛾平腹茧蜂、卷蛾绒茧蜂、多种捕食性蜘蛛等。

▲图 4-56　刮除树干翘皮

▼图 4-57　刮除剪锯口处的翘皮

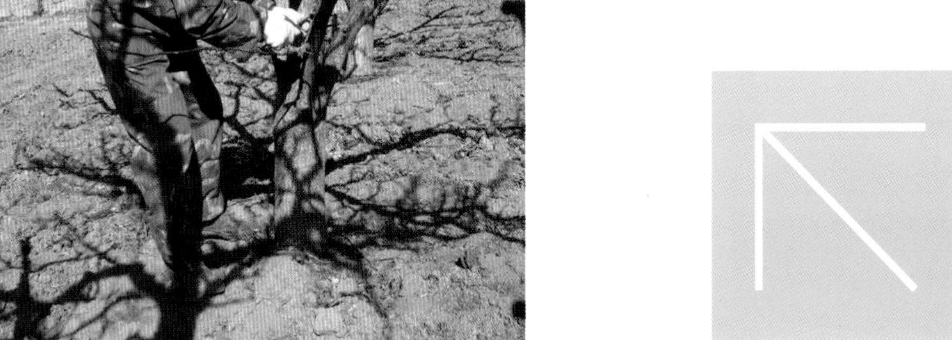

3.化学防治

越冬幼虫出蛰期和各代幼虫孵化期是树上喷药适期。在结果树上，越冬幼虫出蛰期的防治指标是每百叶丛有虫 2~2.5 头时开始喷药防治。常用药剂有：35%氯虫苯甲酰胺水分散粒剂 15 000 倍液，或 20%虫酰肼悬浮剂 1 000 倍液，或 24%甲氧虫酰肼悬浮剂 5 000 倍液等。如图 4-58、图 4-59 所示。

▲图 4-58　喷药防治苹小卷叶蛾

▼图 4-59　喷洒虫酰肼悬浮剂

三、山楂叶螨

（一）危害症状

雌成螨红色至暗红色，体背前方隆起。卵橙黄色乃至黄白色，圆球形，被害叶片呈现失绿斑，严重时在叶片背面甚至正面吐丝拉网，叶片焦枯，似火烧状。如图 4-60、图 4-61 所示。

▲图 4-60 山楂叶螨危害状

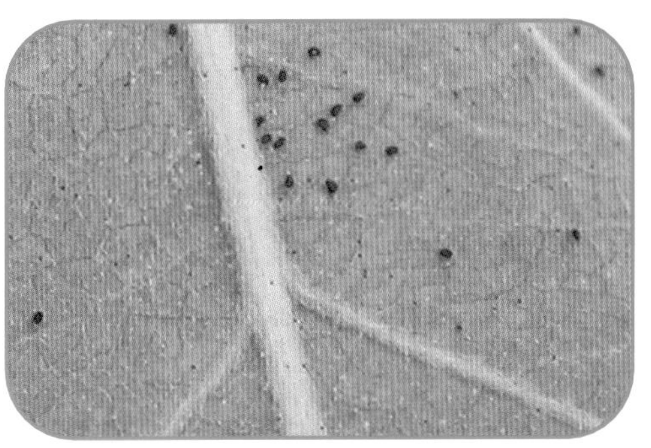

▲图 4-61 山楂叶螨危害叶片

（二）害虫识别

1.卵

圆球形，春季产卵呈橙黄色，夏季产的卵呈黄白色。如图 4-62 所示。

2.幼螨

初孵幼螨体圆形、黄白色，取食后为淡绿色，3 对足。如图 4-63 所示。

3.雌成螨

卵圆形，体长 0.54mm，冬型鲜红色，夏型暗红色。如图 4-64 所示。

4.雄成螨

体长 0.35mm，体末端尖削，橙黄色。如图 4-65 所示。

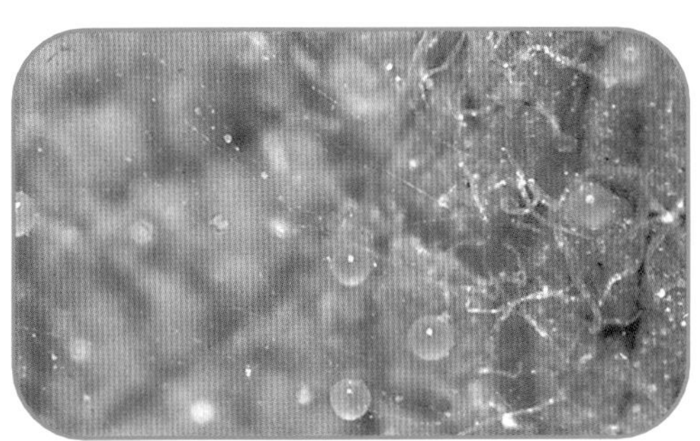

▲图 4-62 山楂叶螨卵

▲图 4-63 山楂叶螨幼螨

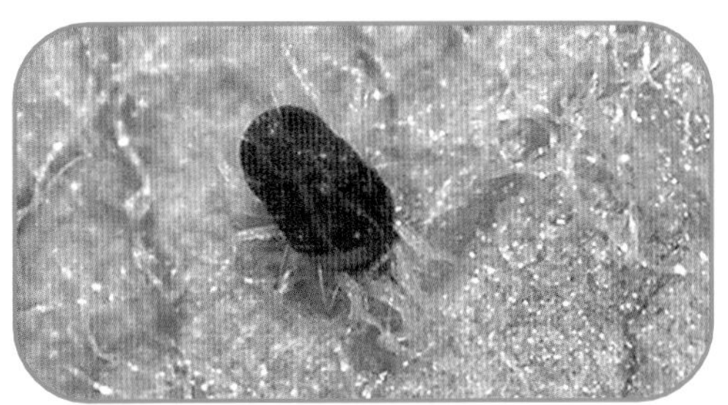

▲图 4-64 山楂叶螨雌成螨

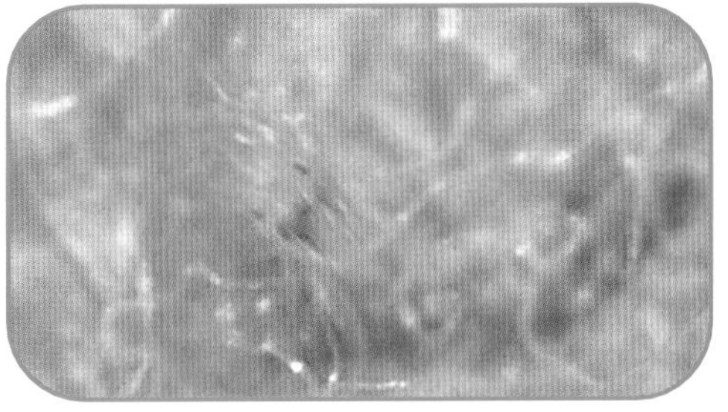

▲图 4-65 山楂叶螨雄成螨

（三）防治方法

1.农业防治

成虫越冬前树干束草把诱杀越冬雌成螨。萌芽前刮除翘皮、粗皮，并集中烧毁，消灭大量越冬虫源。

2.生物防治

在我国苹果园控制害螨的天敌资源非常丰富，主要种类有：深点食螨瓢虫、束管食螨瓢虫、陕西食螨瓢虫、小黑花蝽、塔六点蓟马、中华草蛉、晋草蛉、东方钝绥螨、普通盲走螨、拟长毛钝绥螨、丽草蛉、西北盲走螨等。此外，还有小黑瓢虫、深点颏瓢虫、食卵萤螨、异色瓢虫和植缨螨等，在不常喷药的果园天敌数量多，常将叶螨控制在危害的水平以下。果园内应通过减少喷药次数，保护自然天敌。有条件时，可以释放人工饲养的捕食螨。

3.药剂防治

（1）出蛰期　每芽平均有越冬雌成螨 2 头时，喷施 2%硫悬浮剂 300 倍液，或 99%喷淋油乳剂 200 倍液。

（2）生长期　6 月以前平均每叶活动态螨数达 3~4 头，6 月以后平均每叶活动态螨数达 7~8 头时，喷施 24%螺螨酯悬浮剂 4 000 倍液，或 15%哒螨灵乳油 2 500 倍液，或 20%三唑锡悬浮剂 2 000 倍液，或 1.8%阿维菌素乳油 4 000 倍液等。

四、苹果全爪螨

（一）危害症状

苹果全爪螨危害叶片，出现黄褐色失绿斑点，严重时叶片灰白，变硬、变脆，但一般不落叶。春季危害嫩芽，幼叶干黄、焦枯，严重影响展叶和开花。如图 4-66、图 4-67 所示。

▼图 4-66　苹果全爪螨枝上越冬卵

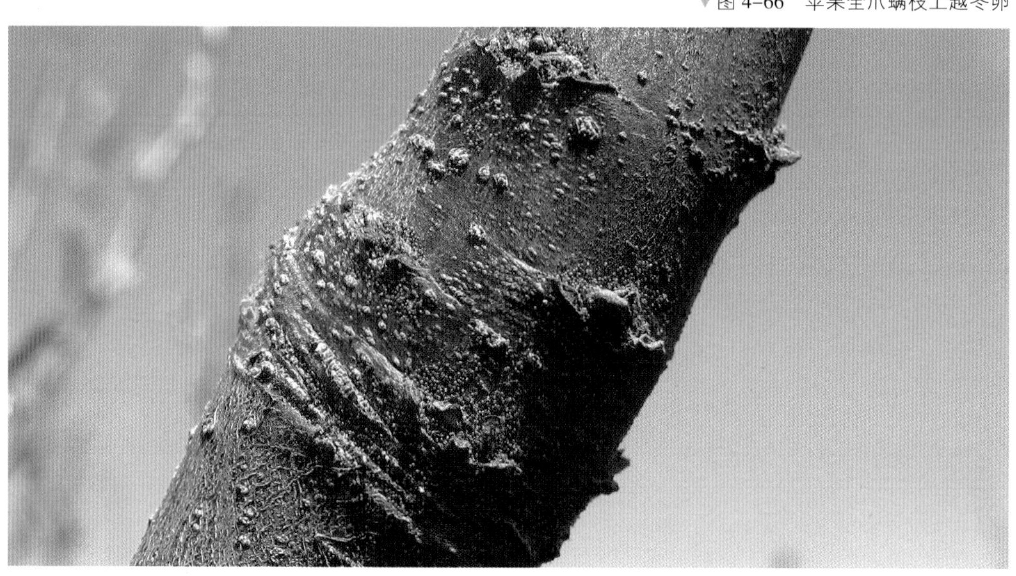

▲图 4-67 苹果全爪螨危害状

（二）害虫识别

1.卵

夏卵葱头形，圆形稍扁，顶端生有一短毛，卵面密布纵纹。如图 4-68 所示。

2.幼螨

近圆形，足 3 对，体毛明显。冬卵孵化淡橘红色，取食后变暗红色，夏卵孵化呈浅黄色，后渐变为橘红至暗绿色。如图 4-69 所示。

3.雌成螨

体长 0.34mm。体圆形，背部隆起，体色深红，体表有横皱纹。足黄白色。如图 4-70 所示。

4.雄成螨

体长约 0.28mm，初蜕皮时浅橘黄色，取食后为深橘红色，眼红色、腹末较尖削，其他特征同雌成螨。如图 4-71 所示。

（三）防治方法

1.农业防治

萌芽前刮除翘皮、粗皮，并集中烧毁，消灭大量越冬虫源。

2.生物及药剂防治方法

可参照山楂叶螨进行。

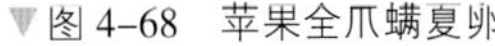

▼图 4-68 苹果全爪螨夏卵

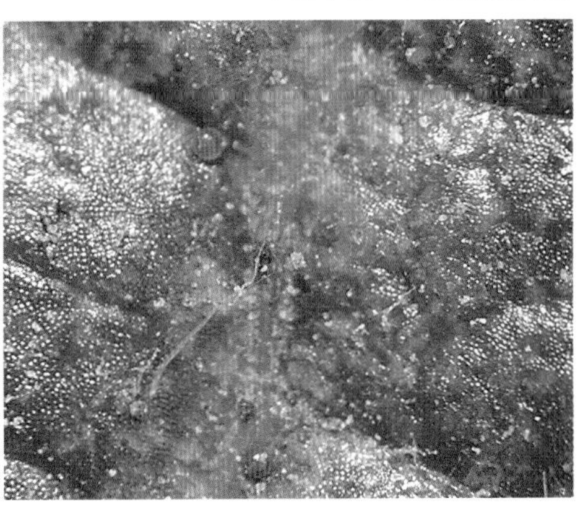

▼图 4-69 苹果全爪螨幼螨

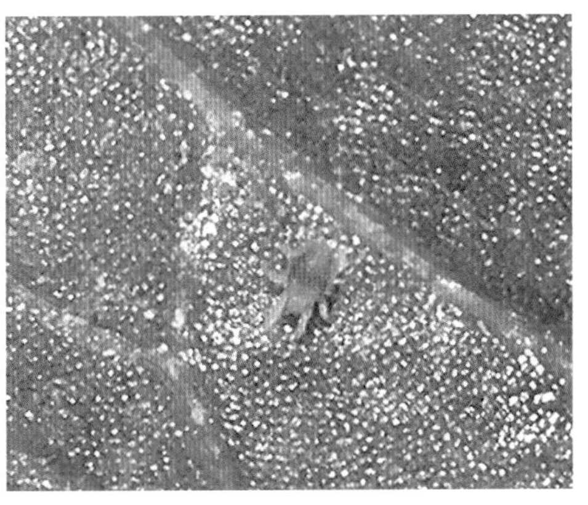

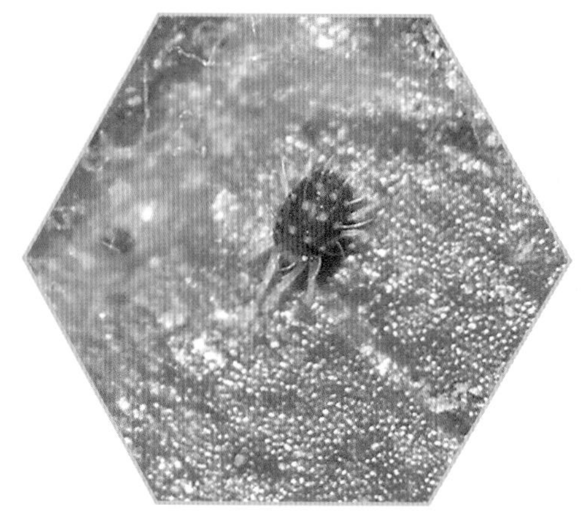
▲图 4-70　苹果全爪螨雌成螨

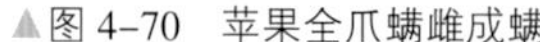

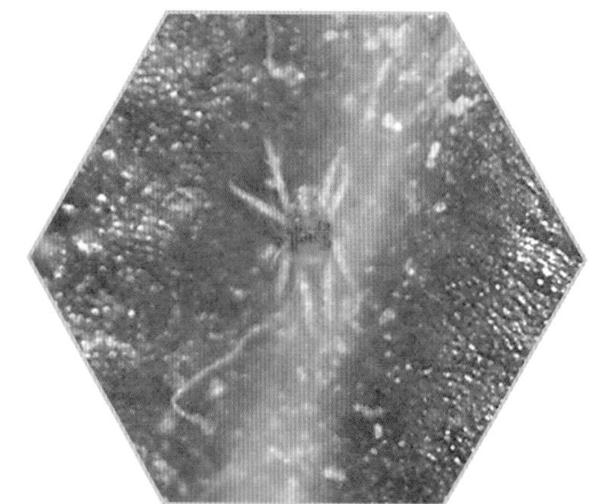
▲图 4-71　苹果全爪螨雄成螨

五、二斑叶螨

(一)危害症状

危害初期该螨多聚集在叶背主脉两侧,受害叶片初为叶脉两侧失绿,以后逐步全叶焦枯。虫口密度大时,叶面上结薄层白色丝网,或在新梢顶端和叶尖群聚成“虫球”。如图 4-72、图 4-73 所示。

▼图 4-72　二斑叶螨危害枝条顶尖状

▶图 4-73　二斑叶螨危害幼芽状

(二)害虫识别

1.卵

球形,长,光滑,初产为乳白色,渐变橙黄色,将孵化时现出红色眼点。如图 4-74 所示。

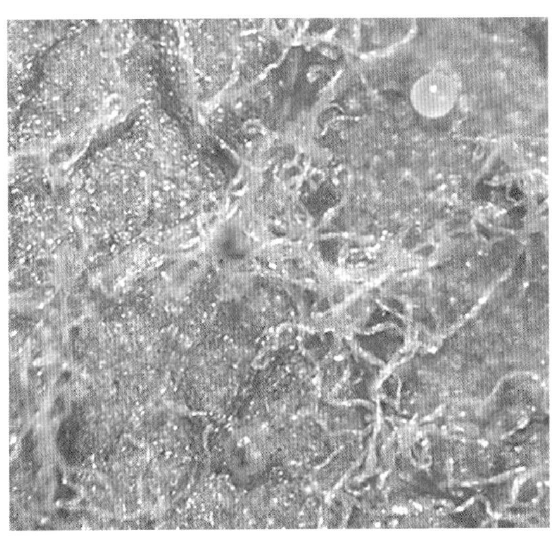

▲图 4-74 二斑叶螨卵

2.幼螨

初孵时近圆形,白色,取食后变暗绿色,眼红色,足 3 对。如图 4-75 所示。

3.雌成螨

体长 0.42mm,椭圆形。生长季节为白色、黄白色,体背两侧各具 1 块黑色长斑,取食后呈浓绿、褐绿色;当密度大,或种群迁移前体色变为橙黄色。在生长季节绝无红色个体出现。滞育型体呈淡红色,体侧无斑。如图 4-76 所示。

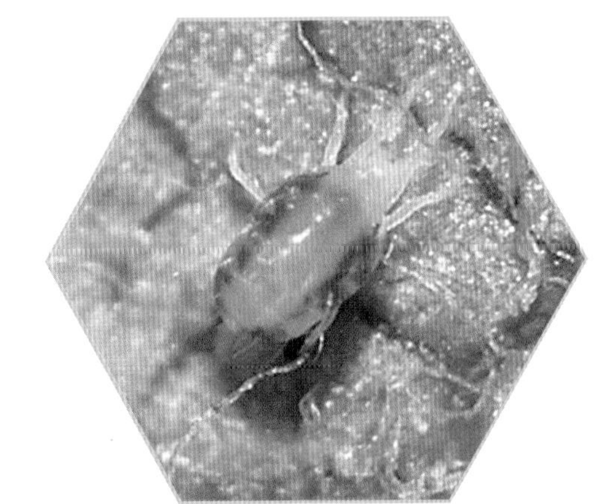

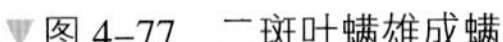

▲图 4-76 二斑叶螨雌成螨

4.雄成螨

体长 0.36mm,近卵圆形,前端近圆形,腹末较尖,多呈绿色。如图 4-77 所示。

▼图 4-75 二斑叶螨幼螨

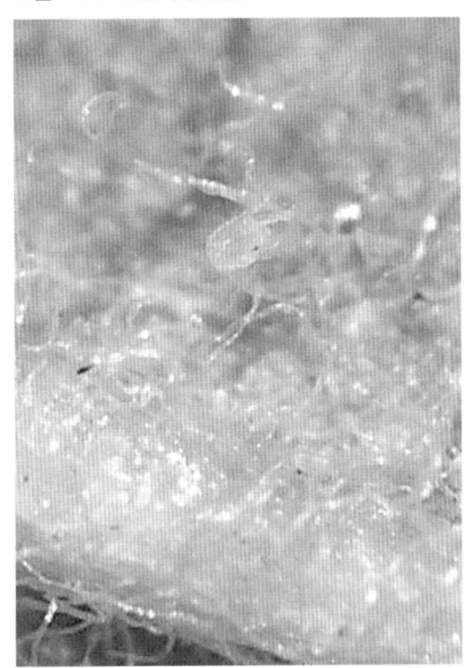

▼图 4-77 二斑叶螨雄成螨

（三）防治方法

1.农业防治

成虫越冬前树干束草把诱杀越冬雌成螨。萌芽前刮除翘皮、粗皮，并集中烧毁，消灭大量越冬虫源。

2.生物防治

参照山楂叶螨进行。

3.化学防治　①参照山楂叶螨的药剂防治方法进行。②树干涂抹粘虫胶，防治地面杂草上的害螨向树体转移。如图 4-78 所示。

▲图 4-78　涂药防治二斑叶螨

六、金纹细蛾

(一)危害症状

幼虫蛀入叶背表皮下啃食叶肉，至使下表皮与叶肉分离，叶背形成一皱褶，叶正面虫斑呈透明网眼状，虫粪黑色，堆在虫斑内。虫斑表皮干枯、破裂。成虫羽化飞出叶外，蛹壳一半留在羽化孔。如图 4-79 所示。

▲图 4-79 金纹细蛾危害状

(二)害虫识别

1.卵

扁椭圆形，长约 0.3mm，乳白色。

2.幼虫

老熟幼虫体扁纺锤形，黄色，腹足 3 对。如图 4-80 所示。

▲图 4-80 金纹细蛾幼虫

3.蛹

体长约 4mm，黄褐色。如图 4-81 所示。

4.成虫

体长约 2.5mm，体金黄色。前翅狭长，黄褐色，翅端前缘及后缘各有 3 条白色和褐色相间的放射状条纹。后翅尖细，有长缘毛。如图 4-82 所示。

▼图 4-81 金纹细蛾蛹

▼图 4-82 金纹细蛾成虫

（三）防治方法

1.农业防治

果树落叶后，结合秋施基肥，清扫枯枝落叶，深埋，消灭落叶中越冬蛹。

2.生物防治

金纹细蛾的寄生蜂较多，有 30 余种，其中以金纹细蛾跳小蜂、金纹细蛾姬小蜂、金纹细蛾绒茧蜂、羽角姬小蜂最多。上述前三种数量较大，各代总寄生率 20%~50%，其中以跳小蜂寄生率最高，越冬代约 25%，在多年不喷药果园，其寄生率可达 90%以上。

3.化学防治

依据成虫田间发生量测报结果，在成虫连续 3 日曲线呈直线上升状态时，预示即将到达成虫发生高峰期，同时结合田间危害状调查，适时开展药剂防治。可选用药剂有：35%氯虫苯甲酰胺水分散粒剂 20 000 倍液，或 1.8%阿维菌素乳油 3 000 倍液，或 25%灭幼脲悬浮剂 2 000 倍液等。

七、苹果绵蚜

（一）危害症状

该虫集中于枝干上的剪锯口、病虫伤口、裂皮缝、新梢叶腋、短果枝、果柄、果实的梗洼和萼洼以及根部危害，被害部位附着蚜虫和寄生组织受刺激形成的肿瘤，其上覆盖着大量的白色的絮状物，十分容易识别。挖开受害植株浅层根部也可见该虫危害根系形成的根瘤。受害叶片叶柄变黑、叶片黏附蚜虫分泌物，影响光合作用。如图 4-83 所示。

▼图 4-83　苹果绵蚜危害状

（二）害虫识别

无翅孤雌胎生蚜体长 1.8mm，宽约 1.2mm。椭圆形，体淡色，无斑纹，体表光滑，头顶骨化粗糙纹。腹部膨大，亦褐色，腹背具四条纵列的泌蜡孔，分泌白色蜡质丝状物，因而该蚜在寄主树上严重危害时如挂绵绒。腹部体侧有侧瘤，着生短毛。如图 4-84 所示。

▼图 4-84 无翅孤雌胎生蚜

（三）防治方法

1.加强检疫

对从国外进境的苗木、接穗和果实应按中华人民共和国进境植物检疫相关原则进行处理。

2.农业防治

冬季修剪，彻底刮除老树皮，修剪虫害枝条、树干，破坏和消灭苹果绵蚜栖居、繁衍的场所；涂布白涂剂；施足基肥，合理搭配氮、磷、钾比例；适时追肥，冬季及时灌水；苹果园里避免混栽山楂、海棠等果树，并铲除山荆子及其他灌木和杂草，保持果园清洁卫生。

3.生物防治

苹果绵蚜的主要种类有：日光蜂、七星瓢虫、异色瓢虫和草蛉等，7~8 月间日光蜂的寄生率达 70%~80%，对绵蚜有很强的抑制作用。有条件的果园可以人工繁殖释放或引放天敌。

4.药剂防治

用 48%毒死蜱乳油 2 500 倍液喷雾防治。

八、苹果蠹蛾

（一）危害症状

该虫幼虫蛀食孔周围堆积以丝连缀成串的褐色虫粪，幼虫先在蛀入孔附近浅层危害，然后向果心蛀食，并取食种子。一个果实多数情况下是局部被蛀食，只有在一个果实内有多头幼虫时才纵横串食，全果被害，果内充满虫道和粪便。如图 4-85 所示。

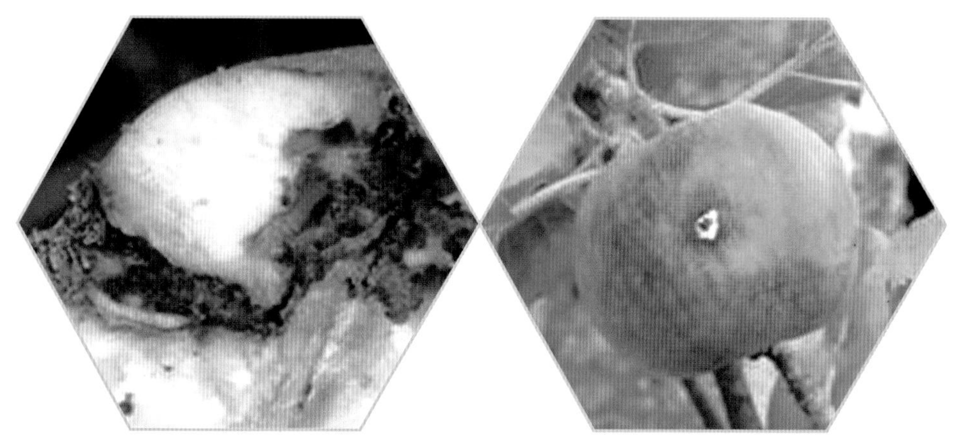

▲图 4-85　苹果蠹蛾危害果实状

(二)害虫识别

1.成虫

体长 8mm,翅展 19~20mm,体灰色并带紫色光泽,前翅臀角有一深褐色圆形大斑,向内有 3 条青铜色条斑,这是有别于其他食心虫的标志性特征。如图 4-86 所示。

2.卵

椭圆形,扁平,中央微凸出,初产时乳白色,半透明,渐变淡黄色,并显现红圈。如图 4-87 所示。

3.老熟幼虫

长 14~16mm,头黄褐色,胴部红色,背面稍深,腹面略浅。如图 4-88 所示。

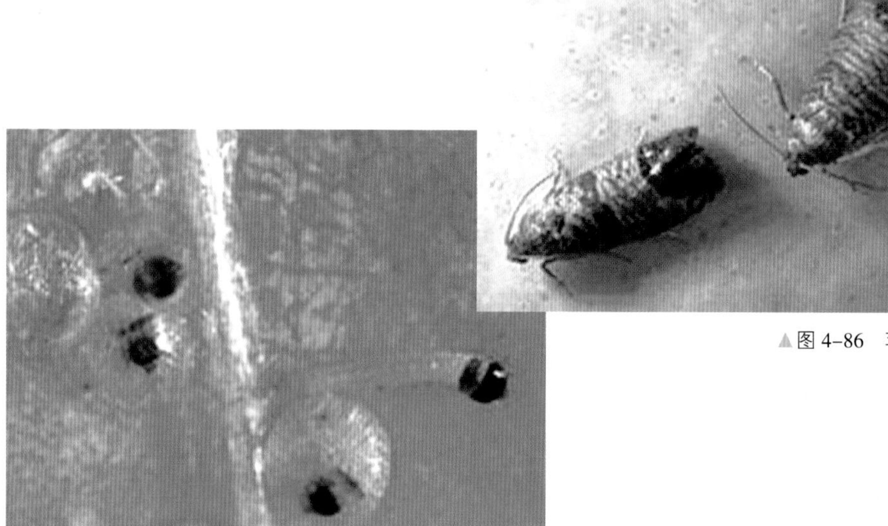

▲图 4-86　苹果蠹蛾成虫

▲图 4-87　苹果蠹蛾卵孵化

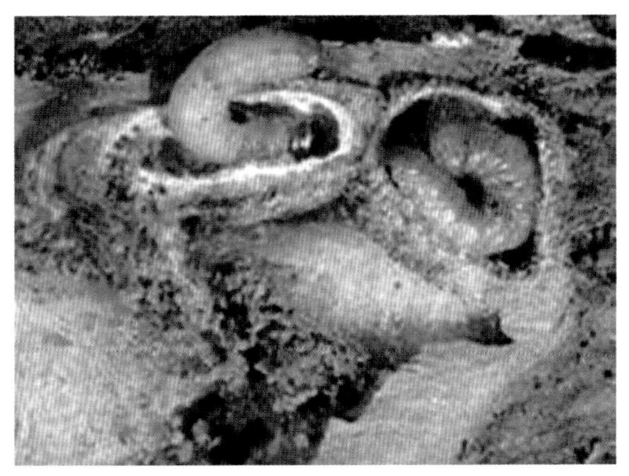

▲图 4-88 苹果蠹蛾老熟幼虫结茧

(三)防治方法

1.加强检疫

对从国外进境的苗木、接穗和果实应按中华人民共和国进境植物检疫相关原则进行处理。

2.农业防治

在果树结果期间,及时捡拾落果,摘除树上虫害果,集中深埋,消灭其中尚未脱果的幼虫。在果树休眠期或早春发芽前,刮除树干的粗皮、翘皮,集中烧毁,消灭其中的越冬幼虫。根据老熟幼虫潜伏化蛹的习性,在主干或粗分枝上束缚宽约 15cm 的麻袋片、柴草等,诱集越冬幼虫,11 月至翌年 2 月底,结合刮树皮,将草环取下集中烧毁,消灭越冬幼虫。

3.生物防治

(1)一般在越冬虫茧羽化前即开始悬挂性干扰剂(Isomate C),每 667m^2 悬挂 60 个左右,其有效期可以达到半年,采用此法能十分有效地控制蠹蛾的危害。

(2)保护和促进果园中苹果蠹蛾天敌种群数量,如人工释放赤眼蜂控制其危害。

4.药剂防治

在苹果蠹蛾幼虫期,用 50%杀螟松 1 000~1 500 倍液,或 2.5 %溴氰菊酯 1 000 倍液,或 48%毒死蜱乳油 1 000 倍液喷雾杀灭。

九、绣线菊蚜

(一)危害症状

主要危害新梢,严重时也危害幼果。被害新梢上的叶片凸凹不平并向叶背弯曲横卷;虫量大时,新梢及叶片表面布满黄色蚜虫。如图 4-89 所示。

(二)害虫识别

无翅胎生雌蚜体黄色至黄绿色,头浅黑色;有翅胎生雌蚜体黄褐色。若蚜体鲜黄色。如图 4-90 所示。

▲图 4-89 绣线菊蚜危害状

▲图 4-90 绣线菊蚜有翅成蚜、无翅成蚜和若蚜

（三）防治方法

1.农业防治

冬季结合刮老树皮，进行人工刮卵，消灭越冬卵。

2.生物防治

该虫天敌种类丰富，数量较多，包括瓢虫、草蛉、食蚜蝇、蚜茧蜂、花蝽等。防治时尽量选用专性杀蚜剂型，少使用广谱性农药。

3.化学防治

果树休眠期结合防治幼虫、红蜘蛛等害虫，喷洒 99%的机油乳剂对杀灭越冬卵有较好效果。果树生长期喷洒 3%啶虫脒乳油 1 500 倍液，或 50%抗蚜威可湿性粉剂 800~1 000 倍液，或 10%吡虫啉可湿粉剂 5 000 倍液等。

十、苹果树腐烂病

（一）症状识别

主要有溃疡型和枝枯型。

溃疡型发病初期病部红褐色，常流出黄褐色汁液，刮破树皮，皮下组织松软，红褐色，有酒糟味。后期病部长出黑色小点（分生孢子器），雨后小黑点上溢出金黄色的丝状或馒头状的孢子角。

枝枯型病部开始红褐色，略潮湿肿起，很快变干，下陷，边缘不明显，形状不规则，后期病部也长出许多黑色小粒点。如图 4-91~图 4-98 所示。

▲图 4-91 腐烂病死树

▲图 4-92 腐烂病死枝

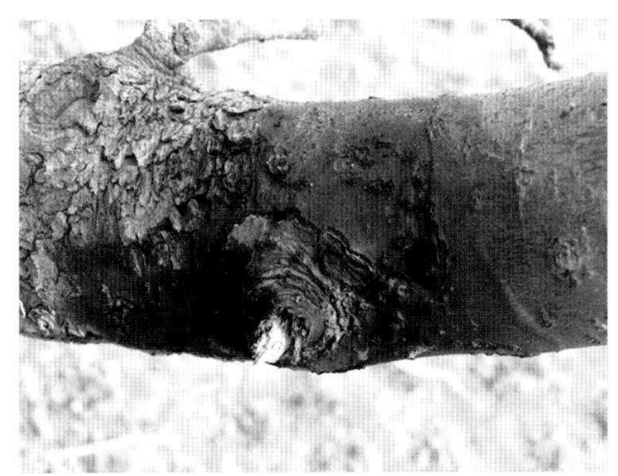
▲图 4-93 溃疡型病斑

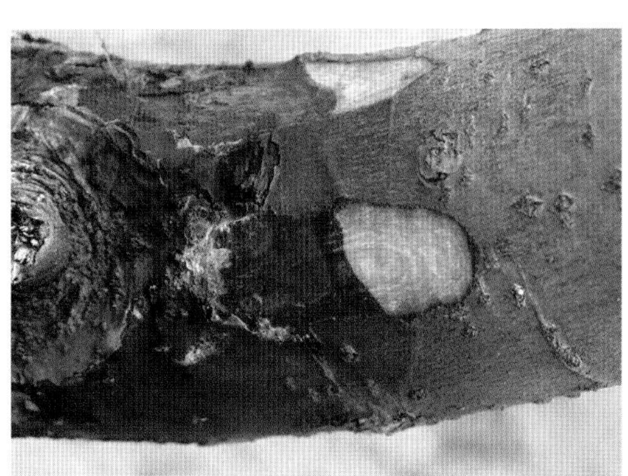
▲图 4-94 皮下病健交界

▲图 4-95 病菌分生孢子器

▲图 4-96 病菌分生孢子角

▲图 4-97 枝枯型症状

▲图 4-98 剪口发病

（二）病菌识别

苹果树腐烂病为真菌病害。

病原菌有性阶段为苹果黑腐皮壳 *Valsa mali* Miyabe et Yamada，属子囊菌亚门，核菌纲，球壳目，间座壳科，黑腐皮壳属。无性阶段为干腐壳囊孢 *Cytospora* sp.，属于半知菌亚门。该病菌除危害苹果及苹果属植物外，还侵染梨、桃、樱桃、梅等多种果树。

（三）防治方法

1.农业防治

加强栽培管理，施足有机肥，增施磷钾肥，避免偏施氮肥；控制负载量；合理修剪，刷药保护伤口；清除病源；实行病疤桥接。如图 4-99、图 4-100 所示。

▲图 4-99 刷药保护伤口

▼图 4-100 病疤桥接

2.化学防治

(1)刮疤治疗　是目前防治此病的有效方法,可在晚秋和早春刮治病疤。刮疤后选用3%甲基硫菌灵糊剂、腐植酸铜水剂等药剂多次涂抹防治。正确刮治苹果树腐烂病的方法如图4–101所示。

(2)喷药　发芽前喷3~5°Bé石硫合剂或430g/L戊唑醇3 000倍液预防新发腐烂病。

▲不正确刮治

▲正确刮治

▼正确刮治后涂药

图4–101　刮疤治疗

十一、苹果轮纹病

最新研究证明苹果轮纹病和苹果干腐病为同一病菌，只是在有伤和无伤情况下侵染的不同症状。

(一)症状识别

1.枝干轮纹型

在皮孔上形成圆形或扁圆形的瘤状物,红褐色,坚硬,边缘龟裂与健康组织形成一道环沟。翌年病斑中间生黑色小粒点即分生孢子器。严重时,病组织翘起如马鞍状,许多病斑连在一起,使表皮粗糙。其多型病状如图 4–102 所示。

▲苹果枝干轮纹病发病初期

▲主干上枝干轮纹病

▲主干枝干轮纹病

▲细枝枝干轮纹病

图 4–102　枝干轮纹型轮纹病不同表现型

2.干腐型

溃疡病斑为不规则的暗紫色或暗褐色斑，表面湿润，常溢出茶色黏液。皮层暗褐色皮组织腐烂，较硬，不烂到木质部，无酒糟味。病斑失水后干枯凹陷，病健交界处常裂开，中部出现纵横裂纹，多个病斑合并，若绕茎一周，使枝条枯死。后期病部出现小黑点，比腐烂病小而密。干腐型枝枯多在衰老树的上部枝条发病，病斑最初产生暗褐色或紫褐色的椭圆形斑，上下迅速扩展成凹陷的条斑，可达木质部，造成枝条枯死，病斑上密生小黑点。其不同表现型如图 4-103 所示。

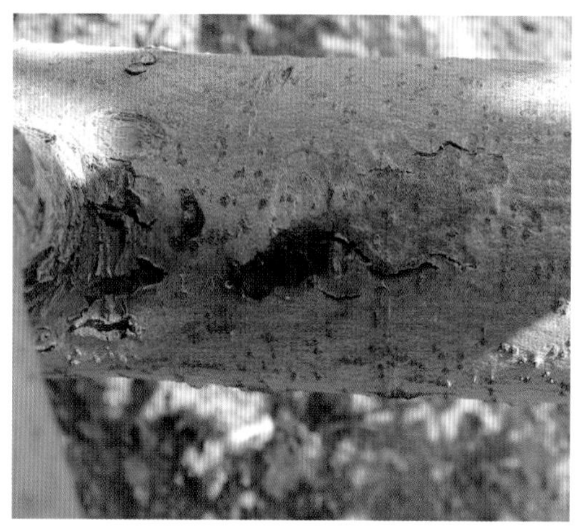

▲枝干溃疡病斑

▲侧枝病斑

▲幼树发病

▲病菌分生孢子器

图 4-103　干腐型轮纹病不同表现型

3.果实症状

在成熟期或储藏期，以皮孔为中心，生成水渍状褐色小斑点，很快形成同心轮纹状，并向四周扩大，淡褐色或褐色，整个果实软腐。后期在表面形成许多黑色小粒点，即分生孢子器。烂果多汁，有酸臭味。有时病斑轮纹状不明显。

（二）病菌识别

真菌病害，有性阶段为梨生囊壳孢 *Physalospora dothidea*，子囊菌亚门。无性阶段为轮纹大茎点 *Pacrophoma kawatsukai* Hara，属于半知菌亚门。有性世代的子囊果多发生在2~4年的老病斑上。

（三）防治方法

1.农业防治

加强栽培管理，改良土壤，提高土壤保水保肥力，旱涝时及时灌排，增强树势，提高树体的抗病能力。保护树体，做好防冻工作是防治干腐病的关键性措施。发芽前进行树干保护，轻刮树皮对病斑刮除，这是一项重要的防病措施。

2.物理防治

枝干轮纹病可采用轻刮树皮，果实轮纹病可采用套袋等措施。如图4-104、图4-105所示。

▲图4-104　轻刮树皮防病

▲图4-105　果实套袋防病

3.化学防治

早春对果树喷 1 次 3~5°Bé 石硫合剂保护树体。对于不套袋的果实,花后两周至 8 月上旬,每隔 15~20 天喷 1 次药,连续喷 3~5 次。主要药剂有:70%甲基硫菌灵可湿性粉剂 800 倍液,或 430g/L 戊唑醇悬浮剂 4 000 倍液,或 50%多菌灵可湿性粉剂 600 倍液,或 80%代森锰锌可湿性粉剂 800 倍液。如图 4-106 所示。

▲图 4-106 喷石硫合剂保护树体

十二、苹果斑点落叶病

(一)症状识别

该病主要危害叶片,尤其是展叶后不久的嫩叶,也能危害 1 年生枝条及各期果实。叶片染病初期出现褐色圆点,直径 2~3mm,其后病斑逐渐扩大为 5~6mm,红褐色,边缘紫褐色,病部中央常具一深色小点或同心轮纹。天气潮湿时,病部正反面均可长出墨绿色至黑色霉状物,即病菌的分生孢子梗和分生孢子。发病中后期有的病斑再次扩大为不整形,部分病斑的一部或全部呈灰白色,其上散生小黑点(为二次寄生菌灰斑病菌的分生孢子器),有的病斑破裂成穿孔。高温多雨季节,病斑扩展迅速,为不整形大斑,长达数厘米,叶片的一部分或大部分变为褐色,染病叶片随即脱落或自叶柄病斑处折断。其不同表现型如图 4-107 所示。

苹果斑点落叶病叶面症状

苹果斑点落叶病叶背症状

苹果斑点落叶病重症(即将脱落)

▲图 4-107　苹果斑点落叶病症状

(二)病菌识别

病原菌 *Alternaria mali* Roberts 是轮斑病菌的强毒菌系,属链格孢属真菌。

(三)防治方法

1.农业防治

加强栽培管理,搞好清园工作。秋、冬季彻底清扫果园内的落叶,结合修剪清除树上病枝、病叶,集中烧毁或深埋,并于果树发芽前喷布 3~5°Bé 的石硫合剂,以减少初侵染源。夏季剪除徒长枝,减少后期侵染源,改善果园通透性,低洼地、水位高的果园要注意排水,降低果园湿度。合理施肥,增强树势,提高树体的抗病力。

2.化学防治

掌握初次用药时期,是防治此病的关键之一。初次用药时期以病叶率 10%左右时为宜,一般间隔 10~20 天喷药 1 次,共喷 3~4 次。可选用的药剂有 10%多抗霉素可湿性粉剂 1 000 倍液,或 500g/L 异菌脲悬浮剂 1 500 倍液,或 430g/L 戊唑醇悬浮剂 3 000 倍液。

十三、苹果褐斑病

(一)症状识别

1.褐斑型

叶片发病初期,在正面出现黄褐色小点,逐渐扩大成褐色不规则病斑,外有绿色晕圈。病斑中央产生许多呈同心轮纹排列的黑色小点(分生孢子盘);背面中央深褐色,四周浅褐色,无明显边缘。如图 4-108、图 4-109 所示。

▲图 4-108　苹果褐斑病初期症状

▲图 4-109　褐斑型病斑

2.针芒型

病斑呈针芒放射状向外扩展,无固定的形状,边缘不定,暗褐色或深褐色,其上散

生小黑点。病斑小，数量多，常遍布叶片。后期叶片逐渐变黄，病部周围及背部仍保持绿褐色。如图4-110 所示。

▲图 4-110　针芒型病斑

3.混合型

病斑很大，边缘呈针芒状。如图 4-111 所示。

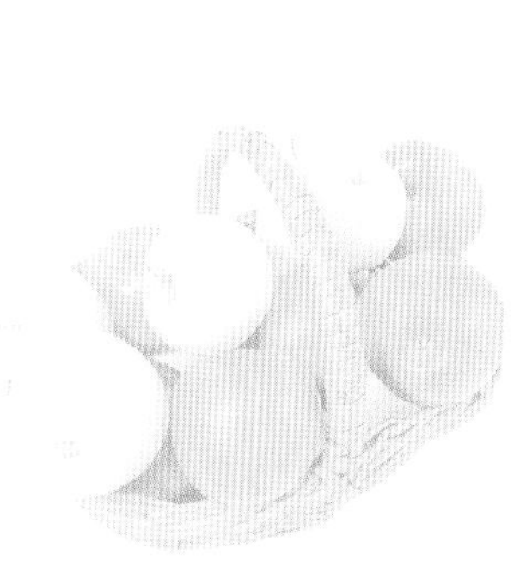

▲图 4-111　苹果褐斑病混合型病斑

病斑的共同特点是后期叶片变黄，但病斑周围仍保持绿色，形成绿色晕圈，而且病叶易早期脱落，尤其是风雨之后病叶常大量脱落。如图 4-112、图 4-113 所示。

▼图 4–113　苹果褐斑病后期引起落叶

▲图 4–112　苹果褐斑病发病中期

（二）病菌识别

有性态为苹果双壳 *Diplocarpon mali* Harada et Sawamura，属子囊菌亚门双壳属；无性态为苹果盘二孢 *Marssonina coronaria*（Ell. *et* Davis）Davis。褐斑病菌除侵染苹果外，还可侵染沙果、海棠、山定子等。

（三）防治方法

1.农业防治

加强栽培管理多施有机肥，增施磷、钾肥，避免偏施氮肥；合理疏果，避免过度环剥，增加树势，提高树体的抗病能力；合理修剪，改善通风透光条件；合理灌溉，及时排除树底积水，降低果园湿度等。这些措施均有助于减轻病害的发生，秋末冬初彻底清扫落叶，剪除病梢，集中烧毁或深埋。

2.药剂防治

萌芽前全园喷布 3~5°Bé 的石硫合剂，以铲除树体和地面上的菌源。一般年份，山东省胶东地区首次用药时间在 6 月上旬，山东省西南地区是 5 月下旬，辽宁省是 6 月中旬。如果春雨早、雨量较多，首次喷药时间应相应提前，如果春雨晚而少，则可适当推迟。全年喷药次数应根据雨季长短和发病情况而定，一般来说，每次喷药后，隔 15 天左右再喷 1 次，共喷 3~4 次。常用药剂有：1:2:(200~240）倍波尔多液；430g/L 戊唑醇悬浮剂 3 000 倍液；80%代森锰锌可湿性粉剂 800 倍液；70%甲基硫菌灵可湿性粉剂 800 倍液等。

十四、苹果炭疽病

(一)症状识别

主要危害果实,也可危害枝条和果台等。果实发病初期,果面出现针头大小的淡褐色小斑点,圆形,边缘清晰。以后病斑逐渐扩大,颜色变成褐色或深褐色,表面略凹陷。由病部纵向剖开,病果肉变褐腐烂,具苦味。病果肉剖面呈圆锥状(或漏斗状),可烂至果心,与好果肉界限明显。当病斑直径达到 1~2cm 时,病斑中心开始出现稍隆起的小黑色,并且很快突破表皮。如遇降雨或天气潮湿则溢出绯红色黏液(分生孢子团)。果实腐烂失水后干缩成僵果,脱落或挂在树上。果实近成熟或室温储藏过程中病斑扩展迅速。粒点(分生孢子盘)常呈同心轮纹状排列。如图 4-114~图 4-117 所示。

▲图 4-114 早期病斑

▼图 4-115 典型症状

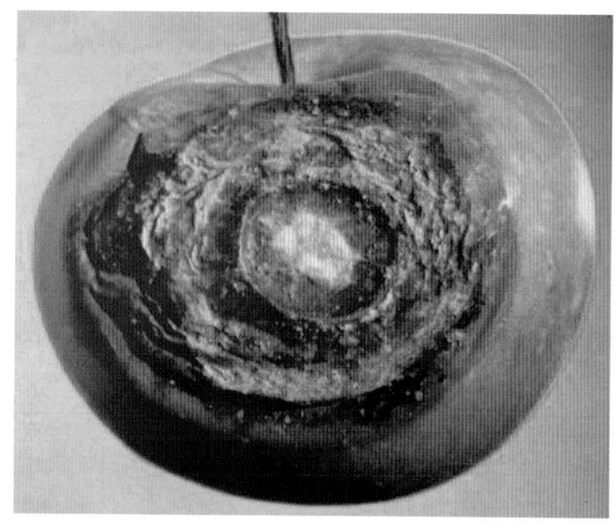

▲图 4-116　分生孢子团

▲图 4-117　后期症状

（二）病菌识别

有性态为围小丛壳 *Glomerella cingulata*（Stonem）Schrenk et Spauld，属子囊菌亚门小丛壳属。无性态为胶孢炭疽菌 *Colletotrichum gloeosporioides*（Penz.）Penz.et Sacc.，异名为：果生盘长孢 *Gloeosporium fructigenum* Berk.。炭疽病菌除危害苹果外，还可侵染海棠、梨、葡萄、桃、核桃、山楂、柿、枣、栗、柑橘、荔枝、芒果等多种果树。

（三）防治方法

1.农业防治

加强栽培管理，合理密植和整枝修剪，及时中耕锄草，改善果园通风透光条件，降低果园湿度。合理施用氮磷钾肥，增施有机肥，增强树势。合理灌溉，注意排水，避免雨季积水。清除侵染来源以中心病株为重点，冬季结合修剪清除僵果、病果和病果台，剪除干枯枝和病虫枝，集中深埋或烧毁。

2.药剂防治

苹果发芽前喷 1 次石硫合剂。生长季节发现病果及时摘除并深埋。喷药保护：由于苹果炭疽病的发生规律基本上与果实轮纹病一致，且对两种病害有效的药剂种类也基本相同，因此，炭疽病的防治可参见果实轮纹病。除了在苹果轮纹病防治中提到的药剂外，25%咪鲜胺乳油 1 000 倍液，或 80%福·福锌可湿性粉剂 500 倍液，均对炭疽病有特效。

十五、苹果锈病

（一）症状识别

苹果锈病又叫赤星病、羊胡子，主要危害幼叶，也可危害叶柄、新梢、幼果等绿色幼嫩组织。叶片受害，开始在叶面出现橙黄色小圆斑，很快扩大并在中部长出橙黄色小粒点，天气潮湿时可分泌出黄色黏液。不久小粒点变成黑色。有时病斑周围可能出现红色晕圈，其背面逐渐隆起丛生淡黄色至土黄色长 4~5mm 的毛状物。后期病斑变黑，病斑较多时，常引起早期落叶。叶柄受害后病部呈黄色并膨大隆起呈纺锤形。幼嫩新梢受害症状与叶柄相似，但后期病部凹陷、龟裂易折断。幼果受害多发生在萼洼处，形成圆形橙黄色病斑。如图 4–118、图 4–119 所示。

▲图 4–118　苹果锈病

▲图 4–119　苹果锈病

(二)病菌识别

为山田胶锈菌或称苹果东方胶锈菌,学名 *Gymnosporangium yamadai* Miyabe et Yamada,属担子菌亚门,病菌除危害苹果外,还危害海棠、沙果、山定子等。

(三)防治方法

1.农业防治

苹果锈病病菌由于缺少夏孢子而不能发生再侵染,每年仅有初侵染,初侵染源来自桧柏枝叶上越冬的冬孢子角,所以在有条件的地区清除转主寄主切断病害的侵染循环,是防治锈病的根本措施。新建果园时,要远离(至少 5km)种植有桧柏等转主寄主的地方,同时结合规划建立保护林带进行隔离,以防止冬孢子的传播。

2.化学防治

作为初侵染源的冬孢子角的萌发和冬孢子、锈孢子的侵染都需要降雨并且持续两天,或较大的相对湿度(>90%),因此,病害发生的早晚和数量,主要决定于早春雨水的早晚与多少。

对于不能清除桧柏的果园,在准确的天气预测预报基础上,可在果树发芽前向桧柏上喷 25%三唑酮可湿性粉剂 1 500 倍液,清除侵染源。

对苹果树的保护可在苹果的展叶期至幼果期(北方在 4 月下旬至 5 月下旬)进行,每隔 10 天 1 次,连续喷 2~3 次,主要药剂有:25%三唑酮可湿性粉剂 1 500 倍液,或 5%己唑醇悬浮剂 1 000 倍液等。

十六、苹果白粉病

(一)症状识别

苹果白粉病病部满布白粉是此病的主要特征。此病主要危害实生嫩苗,大树芽、梢、嫩叶,也危害花及幼果。幼苗被害,叶片及嫩茎上产生灰白色斑块,发病严重时叶片萎缩、卷曲、变褐、枯死,后期病部长出密集的小黑点。花芽被害则花变形、花瓣狭长、萎缩。幼果被害,果顶产生白粉斑,后形成锈斑。如图 4-120、图 4-121 所示。

▲图 4-120 苹果白粉病叶片症状

▲图 4-121 苹果白粉病危害幼苗

（二）病菌识别

苹果白粉病菌学名为 *Podosphaera leucotricha*（Ell.et Ev.）Salm，属子囊菌亚门白粉菌目。

（三）防治方法

1.农业防治

要重视冬季和早春连续、彻底剪除病芽、病梢，减少越冬病源。

2.药剂防治

在萌芽期、花前和花后喷药。药剂中硫制剂对此病有较好的防治效果，花后连喷两次下列药剂：50%硫悬浮剂 150 倍液；20%三唑酮乳剂 1 500 倍；6%乐必耕乳剂1 000 倍液。

十七、苹果黑星病

（一）症状识别

病斑初为橄榄绿色，色泽较周围组织深，逐渐老熟时，变为黑色直至叶片坏死脱落。幼叶上的病斑，表面呈粗糙羽毛状，在老叶上病斑边缘明显，病斑周围的健康组织变厚，使病斑向上凸出，其背面呈环状凹入。发病重时，叶片变小增厚，呈卷曲或扭曲状。叶片的正反两面均可被侵染，且沿叶脉两侧先表现出症状。叶柄被侵染时，病斑呈长条形。叶片上病斑发生较多时，病斑融合连成一片，导致叶片干枯并提前脱落。叶柄上如有几个病斑时，会使叶片变黄，甚至脱落。如图 4-122~图 4-124 所示。

▲图 4-122 苹果黑星病叶

▲图 4-123 叶片发病

▲图 4-124 叶片脱落

侵染幼果，病斑随着果实的生长逐渐扩大，果实表层木栓化，角质层破裂，出现白色罅裂，开裂畸形。如果果实发病较晚，就会造成大量密集的黑色或咖啡色斑点，不易为肉眼察觉，可能在储藏期逐渐扩大。如图 4–125 所示。

▲图 4–125　幼果发病

病菌侵染花瓣后，使之褪色。病菌侵染萼片，病斑呈灰色，由于萼片上有绒毛，常将病斑覆盖，不易察觉。当花梗被害时，形成环切，造成花瓣脱落。

（二）病菌识别

病原菌为 *Venturia inaequalis*（Cooke）Wint，子囊菌亚门（Ascomycotina）腔菌纲（Loculoascomycetes）格孢腔菌目（Pleosprorales）。

（三）防治方法

1.农业防治

摘除病叶、病果，清扫落叶，减少再侵染源；加强地面和根外施肥，提高抗病性。

2.化学防治

在花序分离期和花后 7~10 天喷有效药剂进行防治，特别是雨后一定要及时施药，有效药剂有：400g/L 氟硅唑乳油 6 000 倍液，或 40%腈菌唑可湿性粉剂 6 000 倍液，或 10%苯醚甲环唑水分散粒剂 3 000 倍液，或 430g/L 戊唑醇悬浮剂 3 000 倍液，或 80%代森锰锌可湿性粉剂 500 倍液等药剂。

十八、苹果霉心病

（一）症状识别

主要危害果实，引起果心腐烂，有的提早脱落。病果外观常表现正常，偶尔发黄。病果明显变轻。剖开病果，可见心室坏死变褐，逐渐向外扩展腐烂。同时出现颜色各异的霉状物。病菌突破心室壁扩展到心室外，引起果肉腐烂。苹果霉心病是由霉心和心腐 2 种症状构成，其中霉心症状为果心发霉，但果肉不腐烂；心腐症状不仅果心发霉，而且果肉也由里向外腐烂。如图 4–126、图 4–127 所示。

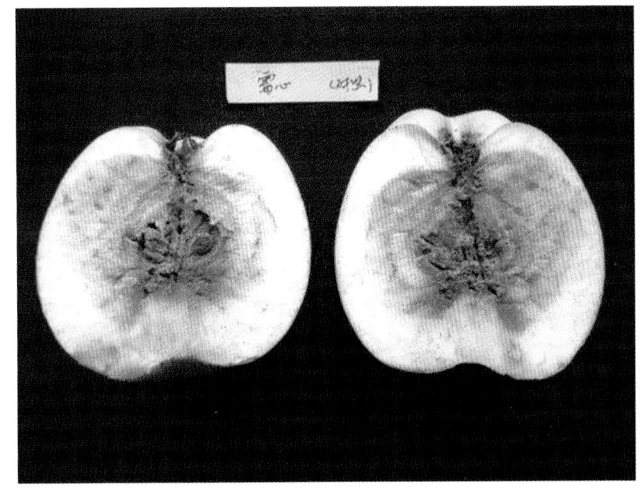

▲图 4-126　霉心型症状

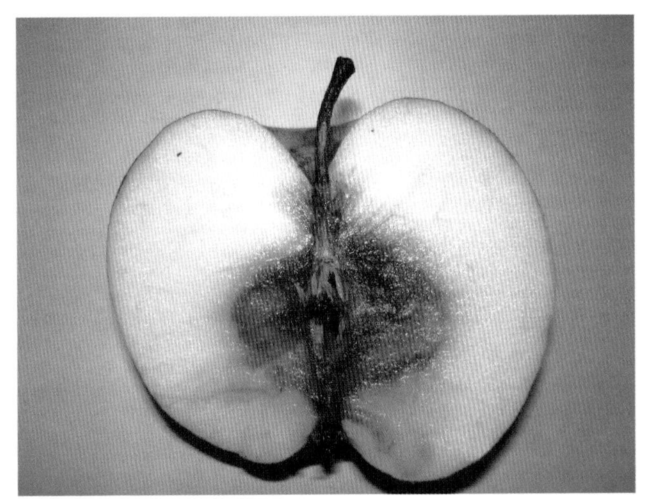

▲图 4-127　心腐型症状

（二）病菌识别

由多种真菌侵染所致，共有粉红单端孢 *Trichothecium roseum*（Bull.）Link，链格孢 *Alternaria alternata*（Fr.）Keissl.和串珠镰刀菌 *Fusarium moniliforme* Sheld 等 20 多个属的真菌。

（三）防治方法

1.农业防治

加强栽培管理，随时摘除病果，搜集落果，秋季翻耕土壤，冬季剪去树上各种僵果、枯枝等，均有利于减少菌源。

2.化学防治

发芽前喷施 5°Bé 石硫合剂。在初花期和盛花期喷药 1~2 次，有效药剂有：10%多抗霉素可湿性粉剂 1 000 倍液，或 80%退菌特可湿性粉剂 600 倍液，或 50%异菌脲悬浮剂

1 500 倍液，或 430g/L 戊唑醇悬浮剂 3 000 倍液。

十九、苹果花叶病和锈果病

（一）症状识别

如图 4–128、图 4–129 所示。

◀图 4–128　苹果花叶病

▲图 4–129　苹果锈果病

（二）防治方法

针对苹果病毒病的特殊性，国际上普遍采用的措施是培育推广无毒苗木和实行无毒化栽培管理措施。美国、加拿大、英国、瑞士、日本、澳大利亚等国家，经过对果树病毒病的长期系统研究，建立了完善的病毒病研究和防控体系，他们利用无毒苗木和无毒化栽培管理的防控措施，确保了苹果高产和优质，获得了巨大的经济效益和社会效益。苹果无病毒栽培已经成为现代苹果生产中一项重要的先进技术。

目前，我国普遍推广与应用的方法是：

☞ 选择无病毒的苗木。

☞ 杀死危害果树的昆虫，消灭传毒昆虫。

☞ 果园里使用过的工具要进行消毒。

☞ 苗圃或幼园发现病株，及时拔除。

☞ 加强肥水管理，增强树势，提高抗病性。

第五章 果实采收

第一节 果实成熟期和市场供应期

采收过早，其颜色和风味就会比较差，容易出现生理失调，如苦痘病和虎皮病等；目前由于受市场的影响，苹果早采现象普遍发生，对果实品质产生巨大影响。如果采收过晚，果实过熟变软，易生机械伤和生理性病害，如水心病和果实衰败，并且容易感染侵染性病害。因而在果实完全成熟之前采收能够延长苹果的储藏时间，但是成熟度越低，果实的品质特性如各种风味就会越差。早采用于长期储藏（6~12 个月）的果实与那些成熟度更高果实相比风味更淡，虽然它们的风味差强人意，但与较好的质地结合起来消费者还是可以接受的。在苹果的每个上市期，最难的就是给每个品种确定各自适宜的采收期。

第二节　果实采收成熟度指标

一、淀粉指数

淀粉指数可作为判断采收成熟度指标之一，如图 5-1 所示。

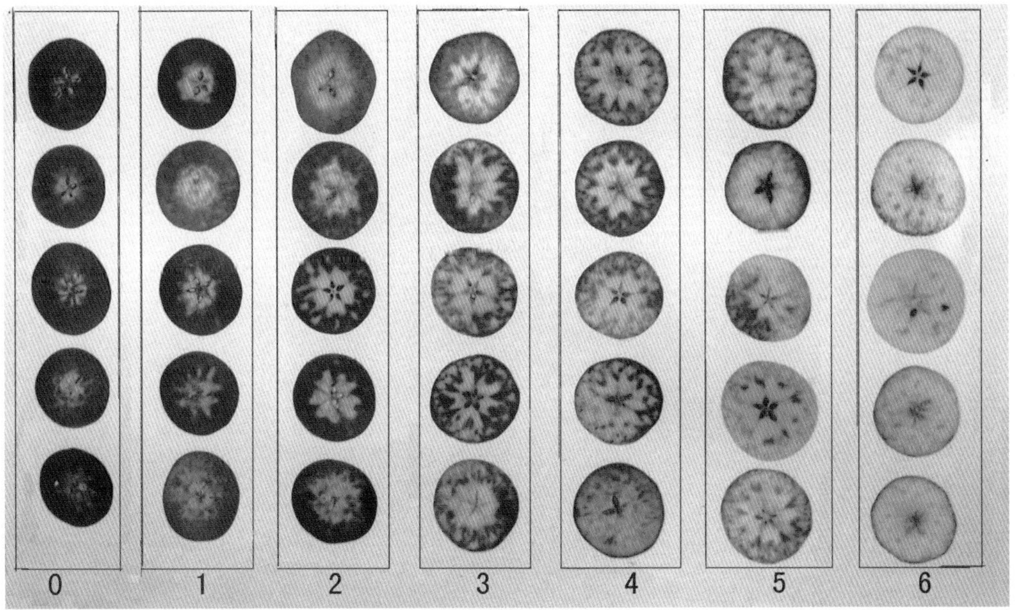

▲图 5-1　苹果淀粉指数图

二、果皮颜色

果实成熟时，果皮的颜色也可作为判断果实成熟度的标志之一。未成熟果实的果皮中有大量的叶绿素，随着果实的成熟，叶绿素逐渐分解，果皮底色由深绿色逐渐转为黄绿色可以作为果实成熟的标志，适时采收。借助标准比色卡、色差仪或经验来判断。对于一些双色苹果品种，底色被认为是一个重要的成熟度指标。如图 5-2 所示。

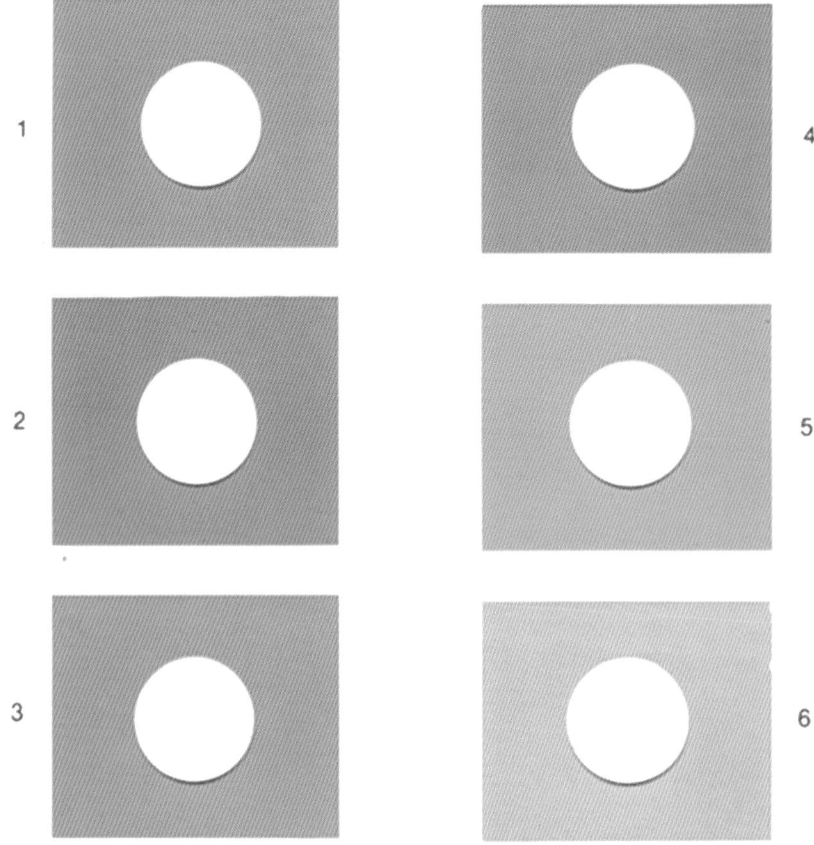

▲图 5-2　果皮底色色板

三、果实硬度和可溶性糖含量

果实硬度和可溶性糖含量等其他指标多作为品质指标而不是成熟度指标，因为它们受到光照等因素的极大影响。采收期之前，果实硬度下降但糖含量却持续增加。然而，这些品质指标也为预测果实在储藏期间的特性提供了信息。而且这两个指标在市场上，尤其是在欧洲市场上，正逐渐被批发商用作评价苹果品质的标准。

第三节 苹果采收

采收方法主要有两种:人工采收和机械采收。发达国家,由于劳动力比较昂贵,生产中千方百计地研究用机械的方式代替人工进行采收作业;但是,目前生产中鲜食苹果是以人工采收为主,加工品种部分在利用机械采收。

1.采果工具

常用采收工具如图 5-3~图 5-7 所示。

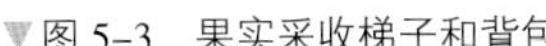

▼图 5-3 果实采收梯子和背包

▼图 5-4 采果篮

▼图 5-5　手持式采果器

温馨提示

苹果不同产区、不同品种成熟采收的标准、方法难以统一。在生产实践中要根据产品特点、采后用途进行全面评价，以判断最适采收期，采用适当的采收方法。

◀图 5-6　新西兰苹果人工采收情况

▼图 5-7　新西兰采收梯子

2.运果箱

如图 5-8 所示。

▼图 5-8　新西兰运果箱

第六章 分级包装

第一节　分级

国外的机械分级起步较早，大多数采用电脑控制。机械分级设备有以下几种：

一、重量分选装置

根据产品的重量进行分选。按被选产品的重量与预先设定的重量进行比较分级。重量分选装置有机械秤式和电子秤式等不同的类型。机械秤式分选容易造成产品的损伤，而且噪声很大。电子秤重量分选装置则改变了机械秤式装置每一重量等级都要设秤，噪声大的缺点，一台电子秤可分选各重量等级的产品，装置大大简化，精度也有提高。

二、形状分选装置

按照被选果实的形状大小(直径、长度等)分选。有机械式和光电式(图6-1)等不同类型。

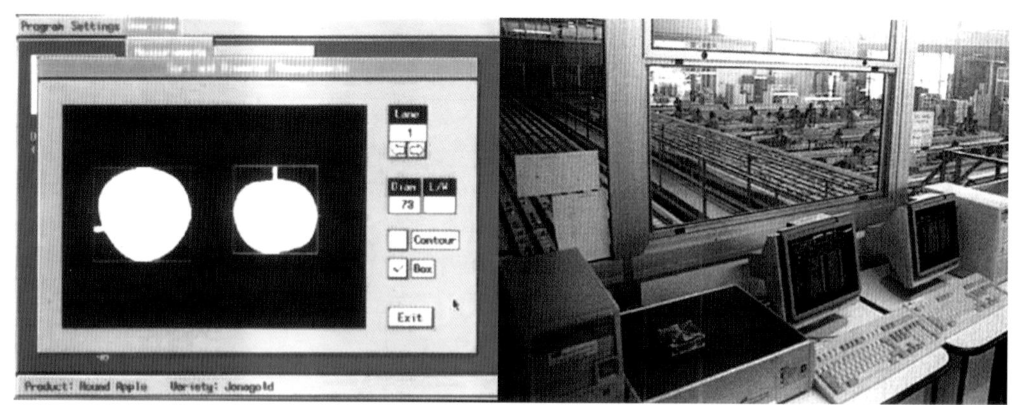

▲图6-1　光电形状分级系统

机械式形状分选装置多是以缝隙或筛孔的大小将产品分级。当产品通过由小逐级变大的缝隙或筛孔时，小的先分选出来，最大的最后选出。

光电式形状分选装置有多种，有的是利用产品通过光电系统时的遮光，测量其外径或大小，根据测得的参数与设定的标准值比较进行分级。较先进的装置则是利用摄像机拍摄，经电子计算机进行图像处理，求出果实的面积、直径、高度等。

三、颜色分选装置

根据果实的颜色进行分选。果实的表皮颜色与成熟度和内在品质有密切关系，颜色的分选主要代表了成熟度的分选。例如，利用彩色摄像机和电子计算机处理的红、绿两色型装置(图 6-2)可用于果品的分选，可同时判别出果实的颜色、大小以及表皮有无损伤等。当果实随传送带通过检测装置时，由设在传送带两侧的两架摄像机拍摄。果实的成熟度根据测定装置所测出的果实表面反射的红色光与绿色光的相对强度进行判断；表面损伤的判断是将图像分割成若干小单位，根据分割单位反射光的强弱算出损伤的面积，最精确可判别出 0.2~0.3mm 的损伤面；果实的大小以最大直径代表。红、绿、蓝三色型机则可用于色彩更为复杂的果品的分选。

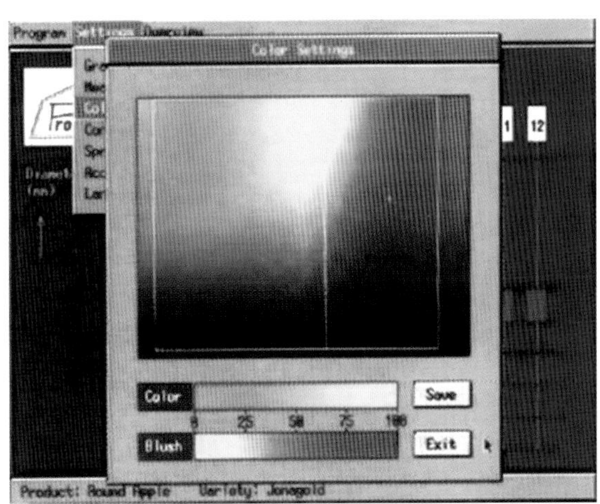

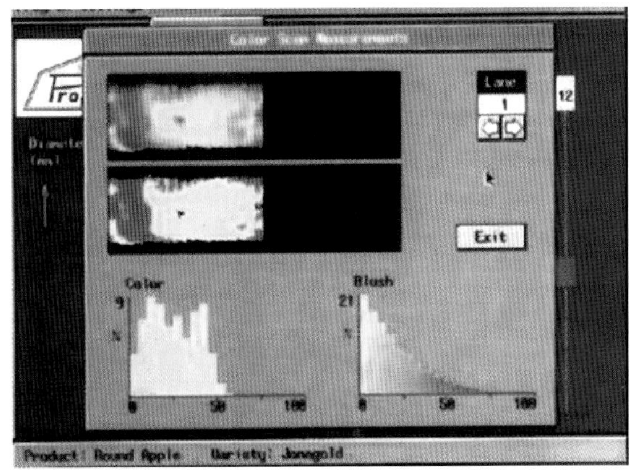

▲图 6-2　颜色分选装置

四、先进的分级包装生产线

如图 6-3 所示。

第二节　包装与销售

一、包装

包装是苹果标准化、商品化、保证安全运输和储藏、方便销售的主要措施。合理的包装可减少或避免在运输、装卸中的机械伤，防止产品受到尘土和微生物等的污染，防止腐烂和水分损失，缓冲外界温度剧烈变化引起的产品损失；良好的包装对生产者、销售者和消费者都是有利的，也是产品进一步增值的过程。根据包装场所的不同可以分为田间包装和包装间包装。

田间包装有两种情况。一是把刚采收的果实运往储藏库，在国外一般是把刚采收的鲜果，装入容量 400kg 大托盘木箱中，运往冷库或气调库；国内则直接装入 7~10kg 纸箱或 25~30kg 的木箱，运往储藏库堆码。二是把刚采收的果实直接运往市场，以减少中间环节，主要适于一些特早熟、早熟不耐储藏的品种，利用纸箱或其他容量较小容器包装。包装间包装主要对储藏后销售前的果实进行分级包装，目前主要利用纸箱包装。

纸箱一般为 60cm×40cm 的规格，这种双层纸箱应用比较普遍，它的一个好处是能够将果实的采后处理工序减到最少，降低了果实的损耗，因为这些纸箱可以直接放在货架上零售。

目前我国苹果的主要包装规格见表 6–1。

表 6 – 1　苹果纸箱包装规格

纸箱规格(kg)	苹果直径(mm)	苹果个数
7.0	88 ~ 90	20
	83 ~ 87	24
	73 ~ 77	28
12.5	88 ~ 90	36
	83 ~ 87	42
	78 ~ 82	48
	73 ~ 77	62

图 6-3　苹果分级包装线

二、销售

尽管可以将苹果用承载 1.4kg、2.3kg 或 4.5kg 的聚乙烯塑料袋来销售，但大多数苹果都是零售。而且最初这些袋子只用于销售果个较小的苹果，如今它们已用于销售各种品质和大小的苹果。现在一些零售摊点越来越流行收缩膜包裹的 2~6 个苹果的包装。收缩膜包裹的包装减少了消费者挑选水果所花的时间，也降低了因顾客挑选和触摸每个水果所造成的损失。

第七章 储藏

苹果果实的体积膨大，前期主要靠细胞迅速分裂、细胞数目的增多，后期主要靠细胞体积的膨大。果实体积的膨大，发育中期到成熟期之间较快，初期和末期较慢，果实重量以成熟前一个月增长最快。果实发育期的长短，一般早熟品种为65~87天，中熟品种为90~133天，晚熟品种为137~168天。果肉组织的外皮是由表皮、上皮层和下皮层组成的，表面有允许气体在表皮交换的皮孔。表皮的这种扩散特性影响着不同品种在不同储藏环境下的耐储性。比如，因为角质膜的破损，金冠苹果就比其他品种更容易失水皱缩。

第一节　苹果品质特性

品质是苹果果实外观、质地和风味的综合表现。现代消费者对不同品种的典型特征要求是果实外观无瑕疵，具有该品种最佳的质地。

一、果皮颜色

消费者对每一个品种果实的颜色都有一定的商业性要求，从绿色、黄色（如澳洲青苹的果皮为绿色，金冠的果皮为黄色）到红色（如元帅系的果皮为红色）。双色苹果（具有一定的底色和成熟时的着色）如嘎拉和布瑞本同样也受欢迎。目前有一个发展趋势，批发商逐渐提高了果实的颜色标准，因此促使果农选择着色好的苹果品系。红色不是果实成熟或品质唯一的一个指标，然而，也有极少数例外，浅绿色是苹果需要的底色，底色泛黄被认为是过熟或果实衰老的一个指标。消费者对澳洲青苹要求没有一点红色，对元帅系要求几乎百分之百的着红色。

二、瑕疵

市场上高品质的苹果是完全没有瑕疵的，尽管在一些有机产品的批发零售市场上，人们对不合格的产品会包容一些，但像果皮擦伤、果柄刺伤以及生理病害或侵染性病害等在任何市场都是不能接受的。果肉密度和果皮厚度也影响果实采后的耐储性。

三、质地

硬度是品质的一个很常用的指标。消费者首先要求苹果是清脆可口的，其他质地和风味组成是第二位的。所有苹果品种并不是要求具有相同的硬度值，最佳的硬度值取决于每个品种的特性。如澳洲青苹的硬度值通常是 8.17~9.99 kg/cm²,金冠苹果的硬度值为 5.45 kg/cm² 左右。

四、风味

苹果的甜度和酸度是随品种的改变而不同,果实风味主要决定于果实的糖酸比。例如,澳洲青苹的酸度较高(0.8%~1.2%苹果酸),富士酸度中等(0.3%~0.5%),而红元帅的酸度较低(0.2%~0.4%)。苹果的含糖量同样因品种不同而异;富士苹果能达到 20%的可溶性固形物或更高。风味中还包括香气,如红玉、华红、金冠等香气浓郁,富士、寒富等轻些。

第二节　苹果果实的生理特性

一、果实乙烯的产生速率和对乙烯的敏感性

苹果是典型的呼吸跃变型果实，在成熟和后熟期间，呼吸速率增高。这种呼吸增高与内部的二氧化碳和乙烯浓度的增加、呼吸和自动催化乙烯的产生有关。内源乙烯的产生率在不同品种间有很大差异，一般地，早熟品种有较高的乙烯产生速率，成熟较快，如藤木一号、萌、恋姬、未希、意大利早红等；而晚熟品种乙烯的产生率较低，成熟速度慢，如富士、国光、秦冠等。一旦苹果果实受到乙烯的催化启动，其果实呼吸跃变峰出现和成熟的时间都将提前。通常人们通过控制果实乙烯的合成，防止或减缓乙烯的产生，这是提高果实耐藏性的关键。生产上主要是通过低温储藏和气调储藏技术来实现对果实乙烯的控制，从而延长果实的储藏期。近年商业上推广使用的一种新型化合物 1-甲基环丙烯(1-MCP)对控制乙烯非常有效，其商品名叫聪明鲜(SmartFresh)。1-MCP 与乙烯结构相似，对人无毒副作用，通常使用浓度很小，在果实中残留量很低。

二、果实的呼吸速率

一般来说，早熟品种呼吸速率高，而晚熟品种呼吸速率低。果实的呼吸速率直接受温度影响(表 7-1)，当储藏温度低于 10℃时，呼吸跃变和呼吸速率受到抑制。储藏实践中，储藏的最低温度必须在果实冰点以上，否则将会发生冷害和冻害。

表 7－1　早熟及晚熟苹果储藏温度与呼吸强度的比较

温度(℃)	早熟苹果($mg \cdot CO_2 \cdot kg^{-1} \cdot h^{-1}$)	晚熟苹果($mg \cdot CO_2 \cdot kg^{-1} \cdot h^{-1}$)
0	3～6	2～4
5	5～11	5～7
10	14～20	7～10
15	18～31	9～20
20	20～41	15～25

第三节 苹果储藏

一、储藏设施

（一）简易储藏设施

1.土窑洞储藏

是我国西北黄土高原果区特有的储藏方式，经不断完善，其储藏效果已明显提高。

2.通风库储藏

其建筑物简单，操作方便，储果量较大，主要用于短期储藏。

（二）现代机械冷藏设施

世界经济发达国家储藏苹果，均用机械冷藏（包括气调储藏）。我国机械储藏近年来发展迅速，储藏能力已达苹果产量的 20%以上。如图 7-1 所示。

▲图 7-1 苹果库房内堆码及储藏库

1.机械冷藏库

大型冷库一般库容 100~90 000t，投资大，建设标准高，适于大型企业建造使用。

小型冷库一般库容 100t 以下，投资小，简单易行，适于中小规模果园储藏使用。近年来我国发展较快，具有以下特点：

可利用农村剩余空房进行改造安装；两相电即可满足其运转，节能环保；与大型冷库相同，可全部智能化控制；果品进出库方便。使用节能环保家庭微型冷库专用机（专利号 ZL201220209692.7）。

2.气调储藏库

是在冷藏的基础上，把果实放于能够调节气体成分的密闭库房内的储藏方式。具有保鲜效果好、保鲜时间长、储藏损失少、货架期长、无污染等优点。

二、预冷

苹果预冷就是采收后将果实温度由室温降到储藏温度，去除田间热的过程。苹果预冷的速度影响其品质的保持，但是这种影响的重要性会因苹果品种、采收成熟度、果实营养状况和储藏期的不同各异。对于早熟品种来说，快速冷却非常重要，因为它们比晚熟品种变软得快。同一品种，成熟度高的苹果要比成熟度低的苹果变软得快。储藏期越长，缓慢冷却造成的影响也越大。因此，采后未能使苹果快速预冷的弊端会直到果实储藏后期当果实硬度不能满足市场需要时才显现出来。例如，对于旭来说，采后在 21℃下延迟一天预冷果实就将导致储藏期缩短 7~10 天。

苹果预冷的方式有：冷库预冷、强制通风预冷（图 7-2）或水预冷。强制通风预冷和水预冷可以快速降低果实的温度，但美国及其他发达国家并未能在苹果上广泛应用。在大多数地区，冷库预冷是主要的方法，它是在冷库中通过正常空气流动来降低果实温度。但是，在这种预冷方式下空气是环流而不是穿过盛苹果的箱子，所以用这种方法预冷比较慢，效率也低。当冷库中快速放满果实，而制冷能力满足不了如此大的果实负载量时，快速预冷难以实现。有两种方法来解决这个问题：一是在将果实放入长期储藏库之前将其分开并放入多个冷库进行预冷；二是只存入目前制冷系统能负载的果实量。果实的预冷能力取决于制冷能力和冷库的设计。

要想维持果实的最佳品质，不仅要关注采后及储藏期间果实的温度，还要密切留意包装、运输和零售过程中的温度。将整个这些环节称为“冷链”，它强调了从采收到消费者手里这一过程中维持冷连续的重要性。

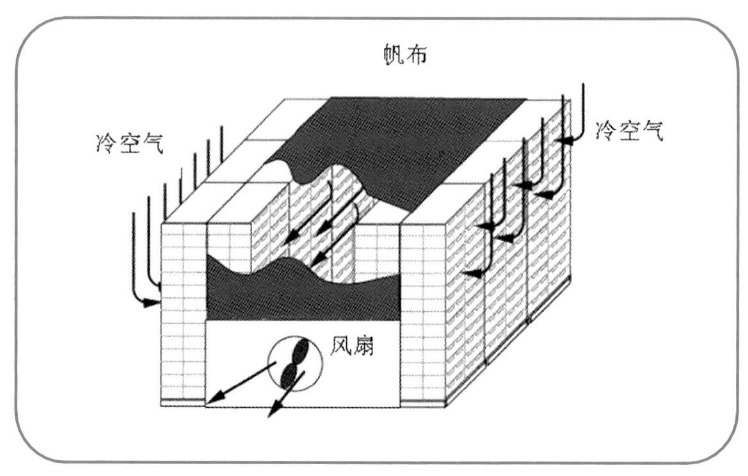

▲图 7-2　苹果强制通风预冷示意图

三、储藏方式

(一)冷库储藏

冷藏推荐的苹果商业化储藏的最适条件是：储温-1~4 ℃，空气相对湿度 90%~95%,不同品种略有不同。表 7-2 列出了一些品种典型的储藏期及注意问题。

表 7-2 几个苹果品种的储藏特性

品种	0℃冷库可能储藏的月数	气调储藏可以储藏的月数	虎皮病敏感性	备注
富士	4	12	轻微	过晚采收的果实对二氧化碳敏感
嘎拉	2~3	5~6	轻微	在储藏过程中易失去风味
元帅	3	12	中等—非常高	二氧化碳浓度大于 2% 时比较敏感;应用虎皮病抑制剂是必要的
金冠	3~4	8~10	轻微	果皮易皱缩
乔纳金	2	5~7	中等	避免过晚采收;可能发生虎皮病
布瑞本	3~4	8~10	轻微	对二氧化碳敏感
澳州青苹	3~4	10~11	非常高	对二氧化碳敏感 避免过晚采收;对温度变化灵敏
恩派	2~3	5~10	轻微	应用虎皮病抑制剂不是必需的;对二氧化碳敏感
艾达红	3~4	7~9	轻微	对温度变化灵敏;对果园冻害有耐力
旭	2~3	5~7	中等	对二氧化碳敏感;由于果肉过度软化,正常的储藏有时被缩短;建议用虎皮病抑制剂
陆奥	3~4	6~8	轻微	青苹果鲜食品质比较差
斯巴坦	3~4	6~8	轻微	对高浓度的二氧化碳敏感;在 2~3℃时对果皮皱缩敏感

近年,由于消费者的消费水平不断提高,市场接受的苹果质量标准也在提高,机械冷藏适宜的储藏期也相应缩短了。另外,由于储藏果实的适销期缩短,短期气调储藏越来越普及了。

储藏温度受到品种对低温失调敏感性的影响。然而,温度更低通常使得果实更硬更绿,一些品种如“McIntosh”在低于 3℃时储藏时就会出现褐心病、软烫伤以及内部褐变。但是,低温失调只有在果实储藏数月后才会发生,因此在短期储藏的(2~3 个月)的果实上很少发现。选择储藏温度时需要考虑的另外一个因素是对湿度的影响。1℃比 0℃更容易维持>90%相对湿度。最终储藏温度的确定还要基于对该品种之前的储藏经验及推广人员的建议。

多数苹果品种对低温不敏感,储藏温度应尽可能接近 0℃。对低温失调敏感的品种则应储藏在 2~3℃环境条件下,如蜜脆、旭等品种。若储藏在低氧气调环境中,为防止低氧伤害储藏温度应适当升高。

在整个储藏期间都需要用热电偶对库内多点温度进行检测。仅仅依赖挂在门口的单个温度计是不可靠的，因为垛内温度及整个库内的温度可能会高于或低于温度计上显示的温度。若果实温度过高，一方面果实成熟加快，另一方面需要加大制冷设备运行的制冷量。没有预冷就进行包装将导致果实温度过高，或者运输至市场的过程中温度升得过高，都会对苹果的销售品质带来不利的影响。这些热量要不及时排除会导致果实硬度的下降。

（二）气调储藏

一旦果实经过预冷并且气调环境都已实现，接下来就是气调储藏的管理。根据储藏设备和技术的水平，将气调储藏的管理制度分以下三类。

1.标准气调储藏

它采用传统的气体成分，并降低了气体伤害的风险。对气体成分的控制可以通过人工或计算机控制设备来实现。标准气调储藏的安全系数大，人工调节的气体浓度波动一般不会引起果实伤害（表 7–3）。

表 7－3　苹果标准气调储藏的气体和温度要求

品种	二氧化碳（%）	氧（%）	温度（℃）	低氧（1.5% ~1.8%）储藏的可行性
富士	0.5	1.5 ~2	0 ~1	可行
嘎拉	2 ~3	1 ~2	0 ~1	可行
元帅	2	0.7 ~2	0	可行
布瑞本	0.5	1.5 ~2	1	可行
恩派	2 ~3	2	2	可行
金冠	2 ~3	1 ~2	0 ~1	可行
澳洲青苹	0.5	1.5 ~2	1	可行
乔纳金	2 ~3	2 ~3	0	可行

修改自 Kupferman

2.低氧气调储藏

要求的氧浓度小于 2%，但是要高于能引起无氧呼吸的氧气浓度。氧气的安全浓度因品种和栽培地区不同而异。如产自加拿大英属哥伦比亚的“元帅”苹果可以不用二苯胺（DPA）处理，在只有 0.7%的氧气浓度下储藏就可安全控制虎皮病。产自其他地区的同品种苹果若在相同的氧气浓度下储藏就会造成低氧伤害。即使同一品种的不同品系对低氧的敏感性也可能不同。关于长期气调储藏的安全操作已经提出了很多的注意事项：

（1）适当早采的苹果用低氧气调储藏，过熟的果实则容易产生低氧伤害。

（2）平均单果种子数小于 5 的苹果不能用于气调储藏。种子数过低限制了某些品种的气调储藏。

（3）应在采后两天内将旭和恩派的果心温度降至1~2℃（在华盛顿，除富士和布瑞本外，气调储藏冷却时间会更长一些）。

（4）除富士和布瑞本外，采后7天内需将氧气浓度降至5%以下。

（5）使储藏温度从0℃升至2℃可以减少气调储藏的风险。

（6）使用自动气体分析及控制设备来减少由于氧气波动导致的可能的低氧伤害。

（7）对于一些不易发生虎皮病的品种来说，尽量避免果实采后浸蘸二苯胺（DPA），因为DPA处理与气调低氧伤害有关。

3.低乙烯气调储藏

苹果是呼吸跃变型果实，接近成熟时开始自发产生乙烯。但是，不同品种的乙烯生成速率有很大差异。气调储藏一个重要的生理效应就是利用低氧高二氧化碳的作用来抑制乙烯的生物合成或抑制乙烯的作用。

与气调储藏结合使用来保持苹果品质的方法有气调储藏前短期的低氧或高二氧化碳胁迫处理。例如：对于澳洲青苹、元帅和Law Rome等品种，在0.25%~0.5%的氧条件下处理两周再气调储藏就可以有效控制虎皮病。

（三）不同苹果品种的气调储藏

嘎拉和金冠是能忍受高二氧化碳的品种，并且气体成分的快速降氧对其是有利的。在华盛顿，果肉温度适中的苹果可以储藏在低氧环境下而不会产生二氧化碳伤害。对于这些品种来说，快速气调非常有意义，它比缓慢达到的气调环境更能保持果实的硬度和酸度。在华盛顿生长的嘎拉和金冠可以储藏在氧浓度低至1.0%，二氧化碳浓度高至2.5%，温度为1℃的环境中。如果温度降到1℃以下，则氧浓度就得升高。普通冷藏的温度是0℃。

富士、布瑞本和澳洲青苹属于不耐二氧化碳的品种。它们的果肉细胞排布密集，影响了果实中的气体交换。华盛顿的实践经验表明，必须在氧气浓度降至适宜浓度之前就要先将果肉温度降下来，使其接近适宜储藏温度。这些不耐二氧化碳的苹果品种更易发生内部褐变，也会发生与该品种自然特性相关的二氧化碳伤害症状（即指除储藏方式和采前因素之外的特性）。因而气调储藏时二氧化碳浓度应该始终低于氧浓度，并且储藏温度应稍微高于冷藏。例如，成熟度适宜的果实若储藏在氧1.5%的环境中，相应的二氧化碳应低于0.5%，温度应该为1℃。气调储藏时，不提倡将打蜡的果实放在有多孔衬套的箱子中，这会阻碍果实内的气体交换。

红元帅能忍受略高的二氧化碳，并能适应快速气调。但是，生产上人们似乎只看到了快速气调在金冠和嘎拉上积极的一面，还没有注意到快速气调对元帅显著的积极效应。元帅苹果在周转箱中比在树上软化得更快，所以采收后要尽快气调储藏。对于无水心病的元帅来说，适宜的气调储藏指标是1.5%的氧，2%的二氧化碳，0~1℃的温度。

第四节　苹果储藏病害

一、生理病害

已发现苹果会发生多种多样的生理病害，但对生理病害的敏感性因品种、采前因素和采后储藏条件不同而各异。生理病害可分为三类：

(一)采收前发生的生理病害

这一类生理病害中最主要的是水心病(图 7–3)，其症状为果肉内部和靠外的组织中的细胞间隙充满了透明液体，经测定，这些液体主要是山梨醇。通常水心病的发生与采前果实过熟和低夜温有关，但若同时遇有高温则病害发生会减少。某些苹果品种如元帅系苹果，采收时若有水心病则会产生一系列的问题，患中度或重度水心病的果实在储藏期间易褐变衰败。相反，由于美国、加拿大、日本等国的消费者认为水心病的苹果甜度更好，水心病已不再是富士苹果分级的一个缺陷症，而是一个令人满意的特征，使得富士苹果的分级标准在最近做了修改。富士苹果如果能够在气调降氧之前进行预冷，那么其在储藏期间轻微或中度的水心病将不再是困扰人们的一个问题了，因为水心病症状会随储藏期的延长而消失；而严重水心病的果实是不提倡进行气调储藏，因为随着储藏时间的延长果实会腐烂。

(二)采收前和储藏期间都可能发生的生理病害

苦痘病(图 7–4)也是一种生理病害，它的特征是果肉出现离散的凹陷斑点，随着时间的延长斑点会变褐、变干。

苦痘病主要发生在近果皮或果肉组织深处。在某些品种中还发现了与苦痘病相关的皮孔斑点病。苦痘病的发生及严重程度与品种相关，但同一品种苦痘病的发生与采收时间和气候条件有关；易感品种采收成熟度越低发病率越高，生长季过度修剪或遇高

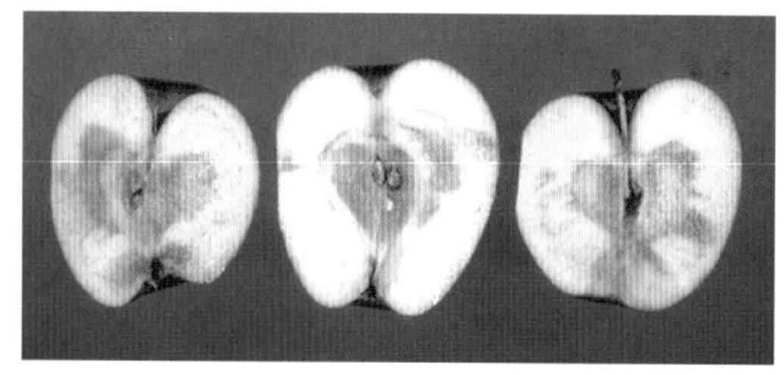

▲图 7–3　水心病

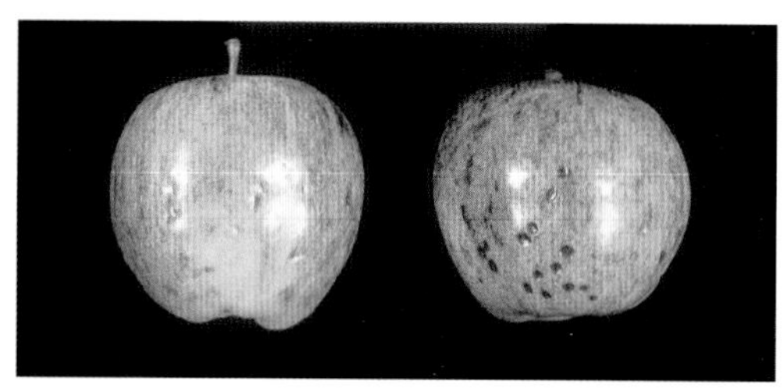

▲图 7–4　苦痘病

温、干旱也会提高苦痘病的发生率。深入研究发现，气候因素导致的果实苦痘病多少与果实含钙量较低有关。储藏期间发生苦痘病将直接造成经济损失，因而人们采取了许多措施来防止苦痘病。这些措施包括：果实采收后测量矿物质含量（主要钙含量）以此为基础来预测苦痘病、果实浸镁、快速预冷、气调储藏及采后浸钙。适宜钙用量因品种和栽培地区不同而不同，此外还需要结合当地推广专家的建议来确定最终果实的钙用量。采前喷钙比采后浸钙更能有效提高果实钙含量、降低苦痘病。

（三）储藏期间发生的生理病害

这类失调可分为衰败失调、冷害失调以及与储藏环境中不适宜的气体成分相关的失调。衰败的发生与采收时果实成熟度过高及果实含钙量低有关，而储藏在高于最适温度的环境中会加重衰败的发生。对易感品种采取浸钙处理、适当早采、快速预冷以及缩短储藏期等措施均可以减轻衰败。总之，常见的与储藏温度和气体成分相关的失调包括虎皮病（图 7–5）、软腐病、低温伤害、褐心病、内部褐变、低二氧化碳伤害和高二氧化碳伤害（图 7–6）。

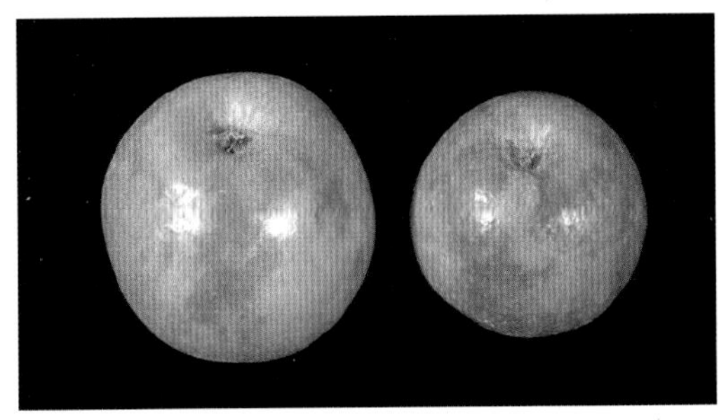

▲图 7–5　虎皮病

▼图 7–6　二氧化碳伤害

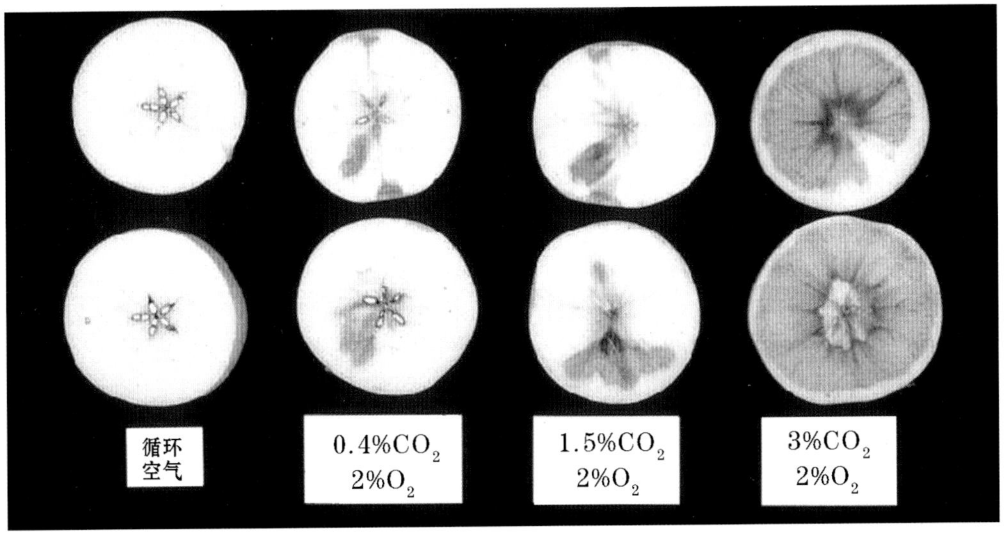

二、苹果采后侵染性病害

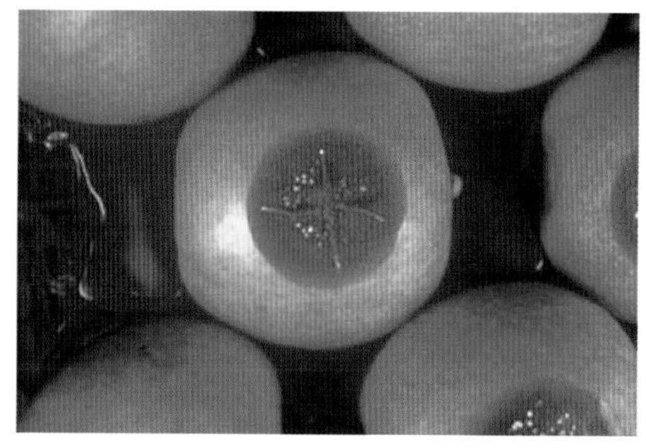
▲图 7–7 青霉病

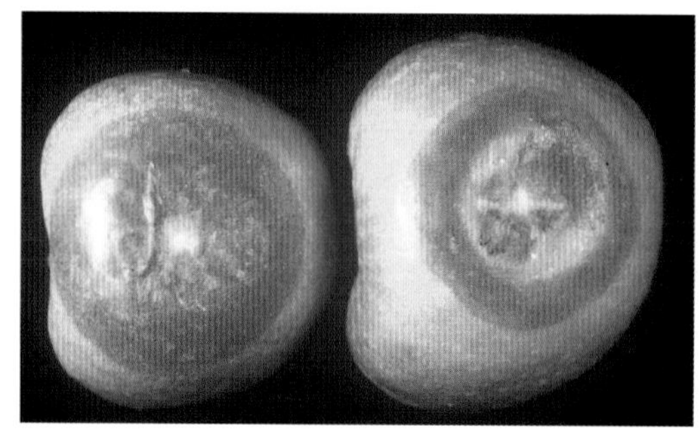
▲图 7–8 灰霉病

苹果在采后储藏过程中发生的最主要的侵染性病害是由青霉菌属病菌引起的青霉病(图 7–7)和由葡萄孢属病菌引起的灰霉病(图 7–8)。

青霉病引起的腐烂是所有腐烂中最普遍且破坏性最大的。大多数的苹果青霉腐烂是由扩展青霉引起的,其他苹果采后常见的致病菌有离生青霉、团青霉和皮落青霉等。青霉属病菌主要通过切口、果柄上的小孔及擦伤处侵入果实。但是,在长期的气调储藏过程中,青霉菌也可以通过果柄侵入某些品种苹果的果实。

储藏苹果还存在许多其他的病害。一些采后病原菌在田间即侵入果实,然后一直处于潜伏或者休眠状态,直到苹果采收后甚至放入储藏库之后才发病。这些病原菌包括引起苦腐病的炭疽菌属病菌,引起黑腐和白腐病的葡萄座腔菌属病菌及引起牛眼腐烂病的苹果树炭疽病菌。对于这些始于田间的腐烂病菌,必须在采果前通过喷杀菌剂或采取其他措施进行控制。

20 世纪 70 年代早期,人们通过采后喷施苯并咪唑杀菌剂已经控制了青霉病和灰霉病。直到 20 世纪 90 年代早期噻苯咪唑(TBZ)、苯菌灵和 1–甲基托布津都是采后苹果上可以使用的注册产品,但自那以后苯菌灵和 1–甲基托布津的使用受到了限制。噻苯咪唑通常是在采收后立即与抗氧化剂 DPA 结合使用。噻苯咪唑可使用两次,第二次是在包装苹果时将其作为喷雾或者加入蜡液中使用。

第八章 加工技术

苹果加工产品包括果汁(清汁、浊汁)、罐头(干装罐头和普通糖水罐头)、脱水产品(果干、果丁、脆片)、果酒果醋、鲜切、果泥果酱、果粉、速冻等。发达国家加工用果>50%,加工原料中75%用于浓缩苹果汁生产。阿根廷加工超过总产量的55%;我国加工用果约占总产量的25%,在加工果中浓缩汁生产约占90%以上。

第一节　苹果果汁加工进展

现代苹果浓缩汁加工工艺是在传统果汁加工工艺的基础上,将一些先进的加工技术应用于生产中,使加工工艺更科学、更先进、更合理,生产的浓缩汁品质更好。

一、最佳果浆酶解工艺[也称为 OME(Optimum Mash Enzymation)工艺]

榨汁前在果浆中加入被称为果浆酶的特定酶制剂,这种果浆酶是由果胶酶、纤维素酶和半纤维素酶组成的复合酶制剂,能降解苹果细胞的细胞壁,只水解水溶性果胶而不水解不溶性果胶,有利于提高出汁率而不破坏果浆结构。较先进的苹果汁压榨机械如图8-1、图8-2所示。

▼图 8-1　带式压榨机

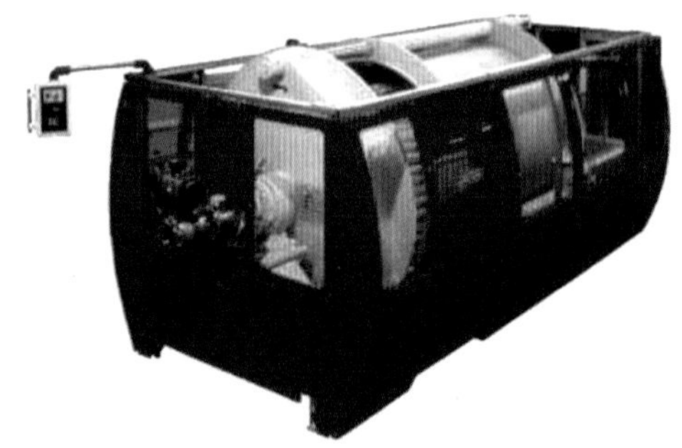

▲图 8-2　布赫压榨机

二、冷破碎(冷提取)技术

是在打浆过程中分离果皮、果柄、果子、木质素等不可食用的部分,也称为“榨前分离”技术。该技术,从源头解决浓缩汁加工质量不高、变色、农残超标等问题,有效保持产品的色香味,是生产高品质果汁的前提。其新型设备如图8-3所示。

▲图 8-3　冷提取设备外形及剖面图

三、热冲击(thermal shocking)技术

该技术可以在 1.5s 内将冷提取产品的温度从室温升到酶钝化温度，使果汁受热时间人为缩短。其新型设备如图 8-4 图示。

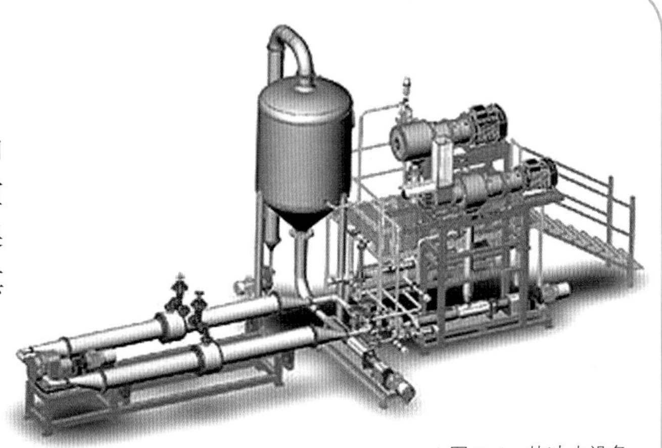

▲图 8-4　热冲击设备

四、逆流提取(counter-current extraction)或称渗出提取(diffusion extraction)

该技术使浸提的果渣经过加热、预排汁，再用水或糖度较低的果汁逆流洗涤，使浸出液(以苹果汁为例)的糖度从 11~12Bx 降低到 3~5Bx，果汁回收率最高可达 95%。其新型设备如见图 8-5 所示。

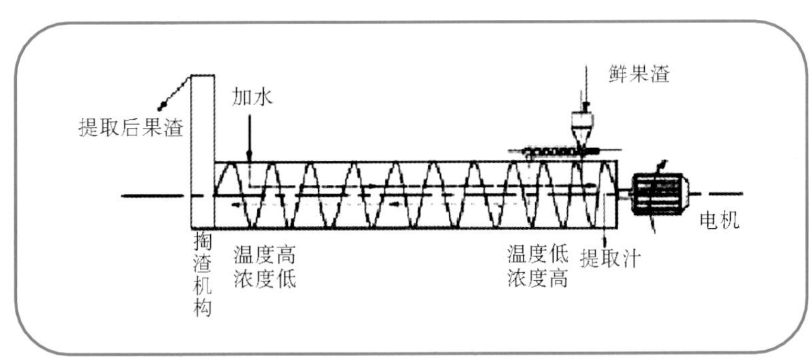

▶图 8-5　逆流提取示意图

五、膜分离(Membrane Separation)

系指用天然或人工合成的有机或无机薄膜,以外界能量或化学位差为推动力,对双组分或多组分的溶质和溶剂进行分离、分级和浓缩的方法。如图 8-6 所示。

六、苹果汁浓缩

生产自动操作程度提高、生产效率高、无菌灌装形式多种多样。如图 8-7 所示。

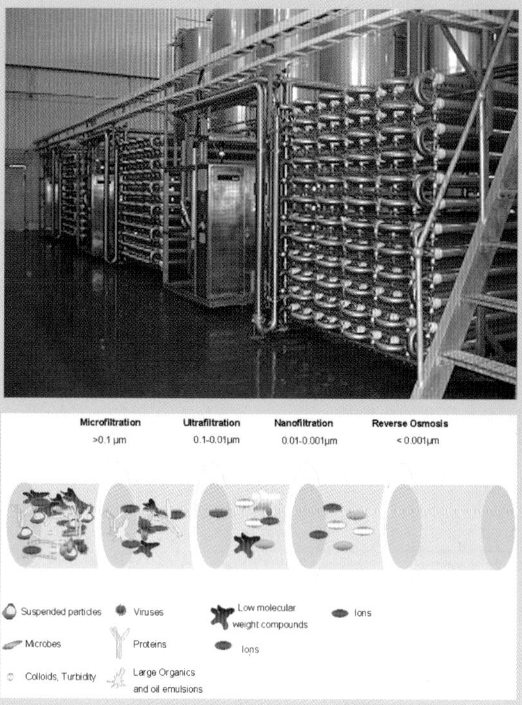

▲图 8-6　膜分离设备及膜分离机制示意图

▼图 8-7　浓缩汁蒸发器

七、无菌灌装机械

如图 8-8 所示。

▼图 8-8　无菌灌装

目前,国外浓缩汁技术现状,其一,非热杀菌受到广泛关注。近年来,国外发表了大量的有关苹果非热加工(杀菌)的研究成果,包括超高静压(图 8-9)、微滤超滤(图 8-10)除菌+无菌包装(图 8-11)、紫外线(UV)处理(5.3J/cm²),高强度的光脉冲(HILP)(3.3J/cm²),高压脉冲电场(PEF)(34kV/cm,18Hz,93S),压热声处理(MTS)(适当压力下,超声空化与热的联合处理称为压热声处理)(5bar,43℃,70W,20kHz),以及超临界巴氏杀菌技术等。这些新型加工技术的单独或联合应用,能够实现对苹果汁的非热杀菌,从而保留其色泽、风味及热敏性组分。其二,棒曲霉素问题仍然比较严重。棒曲霉素是真菌在苹果腐烂部位产生的毒素类代谢产物,对消费者造成极大的健康危害,欧盟及美国在苹果原料清洗、挑选、切除以及原料采前、采收、采后阶段均制定了严格的操作规范,并改进生产工艺以减少苹果汁中棒曲霉素的污染。其三,传统果汁加工中褐变,澄清工艺创新和防止后混浊问题依然是研究热点。土耳其中东技术大学的科学家研究了几种抗褐变剂如抗坏血酸、L-半胱氨酸、山梨酸、苯甲酸、肉桂酸以及 β-环糊精,指出这些抗褐变剂联合使用效果较好。加拿大学者的研究表明,十二烷基磺酸钠能够有效阻止苹果汁后混浊的发生,在果汁储藏期间,严格控制温度也能够避免后混浊现象。采用超滤、微滤等新型分离技术能够改善苹果汁褐变程度、澄清度,并预防后混浊。

▲图 8-9 超高静压设备

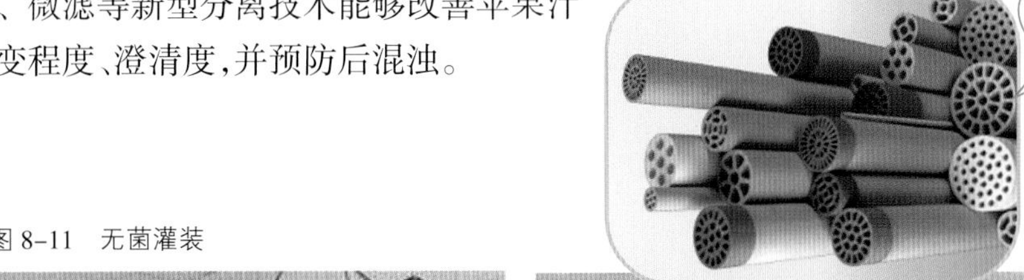

▼图 8-10 超滤过滤设备

▼图 8-11 无菌灌装

第二节 苹果罐头

苹果罐头包括苹果干装罐头和苹果糖水罐头。近年来苹果干装罐头在国际市场销售看好。干装苹果国际市场主要在美国,用于西点的加工。干装苹果罐头主要出口国有意大利和中国,波兰也有少量出口;我国出口商主要集中在山东、陕西。罐头产业比较成熟,但在苹果干装罐头方面仍然存在一些不可忽视的问题:一是护色问题;二是果肉组织软化问题;三是加工机械设备相对比较落后,间歇式杀菌设备自控程度差,产品批次之间存在很大的差异。国外普遍采用低温连续杀菌和高压杀菌设备如图 8-12~图 8-14 所示。

▲图 8-12 苹果罐头预处理车间

▼图 8-13 苹果干装罐头杀菌

图 8-14　苹果罐头储藏库及包装

第三节　苹果脱水产品

苹果脱水产品包括普通果干和膨化果干。苹果原料经过去皮去核、切片护色干燥而成，苹果干含水量在 24%以下，其干燥技术关键是变色问题，可采用维生素 C、酸和硫控制。常见苹果脱水产品，如图 8-15~图 8-17 所示。

▲图 8-15　苹果圈

▲图 8-16　苹果丁

◀图 8-17　苹果膨化干燥片

膨化型苹果干，可利用普通苹果干，调整水分含量至20%左右，进行升温升压膨化干燥、冷却包装即可，其组织膨松，口感酥脆，水分含量在3.5%以下，储藏过程中的主要问题是吸湿返潮问题。苹果膨化干燥机外形及内部结构如图8-18所示。

▼图 8-18　苹果膨化干燥机外形及内部结构

第四节　苹果其他加工

苹果酒，在欧美均有生产。法国苹果酒酿造历史800余年，酿造酒苹果品种有500余种，在诺曼底受产地保护的有20余品种；酿酒品种根据口感分为甜苹果、酸苹果、甜苦苹果和苦苹果。苹果酒包括低酒度（香槟型苹果酒）：酒度4%~6%；中酒度（蒸馏酒和澄清果汁混合酒）：酒度17%~20%；高酒度（蒸馏酒）：酒度40%~45%。法国苹果酒酿造方法包括传统酿造和现代工业化酿造并存。小酒庄年产量10多万瓶，工业化酿造产量较大。和葡萄酒一样，苹果酒也有严格法规，实行原产地保护。苹果酒原料丰富，成本低，基本可实现全年生产。

苹果醋是欧美热销产品，苹果醋市场较成熟，规模较大，发展较快。苹果醋原料丰富、生产工艺简单、营养成分多样（表8-1）、功效显著，已成为果醋中主要种类，其产量及市场比重正逐渐提升。

表8-1　苹果醋成分及含量

成分	含量
相对密度（mg/cm^2）	1.013~1.024
总酸（以醋酸计）含量（%）	3.3~9.0
非蒸发酸（以苹果酸计）含量（%）	0.03~0.4
总固形物含量（%）	1.3~5.5
总灰分（%）	0.2~0.5
灰分碱度［每ml醋酸含0.01mol/L酸的（ml）数］	2.2~5.6
非糖固形物含量（%）	1.2~2.9
总糖含量（%）	0.15~0.7
酒精含量（%）	0.03~2.0
蛋白质含量（%）	0.03
多酚物含量（%）	0.02~0.1
磷酸盐（P_2O_5）含量（%）	0.02~0.3
丙三醇含量（%）	0.023~0.46
山梨醇含量（%）	0.11~0.64

鲜切苹果，常作为一种方便小吃在沙拉吧、学校和一些公司的食堂供应。国外关于鲜切苹果的报道主要集中在物理和化学相结合的方法防止酶促褐变，如鲜切苹果表面涂上生物物质涂层来防止酶促褐变，采用生化等先进技术增强耐藏性，以及提高鲜切苹果质量延长货架期等方面。

此外，苹果泥、苹果粉、速冻苹果、苹果酱、苹果脯在国外都有生产，但生产量很低。

第五节　苹果果渣综合利用

每年我国仅苹果浓缩汁产生 100 万 t 果渣，苹果渣不宜直接饲喂动物，作为肥料利用价值很低，因此绝大部分果渣被作为废弃物处理。苹果果渣富含果胶、多酚、多糖和矿物质，其营养价值远高于苹果汁，进行果渣功能开发和综合利用研究，对于提高苹果加工附加值，降低资源浪费和环境污染具有重要意义，是产业可持续发展的前提。苹果渣综合开发利用已被国家发改委（2011）列为鼓励类产业并受到学术界和行业的高度重视。其利用模式如图 8-19 所示。

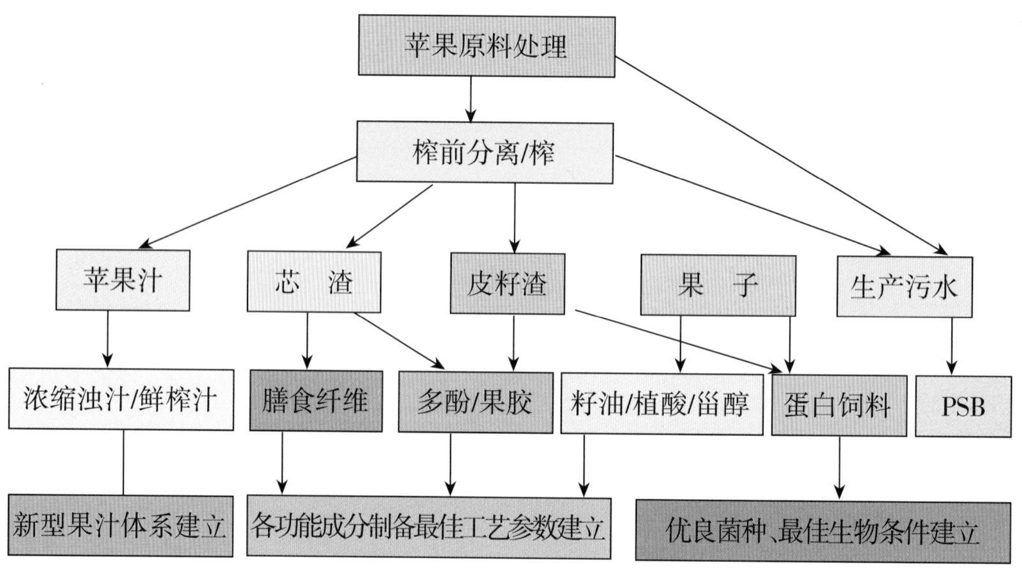

▲图 8-19　榨前分离各成分利用模式

一、苹果果胶

果胶分子的主链是 150~500 个 α-*D*-半乳糖醛酸基通过 1,4 糖苷键相连接而成的，在主链中相隔一定距离含有 α-*L*-鼠李糖基侧链。天然果胶可以分为高甲氧基果胶（HM）和低甲氧基果胶（LM）两类，高甲氧基果胶分子中有超过一半的羧基是甲酯化（—$COOCH_3$）的，其余羧基是以游离酸和盐（—COO^-Na^+）的形式存在。低甲氧基果胶分

子中低于一半的羧基是甲酯化的。通过红外光谱分析，不同处理方法得到的苹果果胶—OH 基团、C—O 基团、—OCH_3 基团的伸缩振动情况不同。酶法提取的苹果果胶在 3 600cm^{-1} 和 3 263cm^{-1} 处有两个相当的振动吸收峰，这显示出其含有大量游离的和固定的—OH 基团。酸法提取的果胶，3 500cm^{-1} 处的肩峰是 C—OH 的伸缩振动峰，3 311cm^{-1} 处的吸收峰是—OH 基团的吸收峰。碱法提取的苹果果胶仅在 3 400cm^{-1} 处有—OH 的基团的宽吸收峰。气相色谱分析显示，苹果果胶中除了半乳糖醛酸外还含有 8 种单糖，分别为鼠李糖、岩藻糖、果糖、阿拉伯糖、木糖、甘露糖、葡萄糖和半乳糖，属于不均一多糖；分子量不同的果胶有着不同的理化性质，如半乳糖醛酸含量、酯化度、黏均分子量、透光率、吸光度等。

果胶溶于热水、酸、碱等溶剂，而不溶于乙醇和某些盐类溶液。因此果胶的提取分离方法一般有：盐析法、乙醇沉淀法、离子交换法、酶解法等。酸液的 pH 值是提取果胶过程的关键因素，pH 太低则对部分果胶有水解作用，降低了果胶得率，太高则起不到水解的作用，Haikel 等人通过实验发现，pH 为 1.5 时的酸液提取的苹果果胶得率高于 pH 为 2.0 的酸液，但 pH 为 1.5 时，非果胶成分也会被溶解并被乙醇沉淀下来，因此半乳糖醛酸的纯度将会降低。用于提取的酸有盐酸、硫酸、磷酸等，也可采用有机酸，如柠檬酸、酒石酸、苹果酸等。不同的酸对苹果果胶提取效果略有不同，Virk 等用不同浓度 HCl 和柠檬酸提取果胶，结果显示 1%柠檬酸提取苹果果胶的效率比盐酸高。

苹果果胶是膳食纤维的一种，也是苹果主要活性成分之一。对于苹果果胶的生物活性，国外有一定的研究，国内研究得较少，现代生物学与医学研究表明，苹果果胶具有抗氧化、降血脂、抗菌、预防结肠癌与前列腺癌等功效，目前国内外均已有产品面世，如图 8-20 所示。

▼图 8-20　苹果果胶保健产品

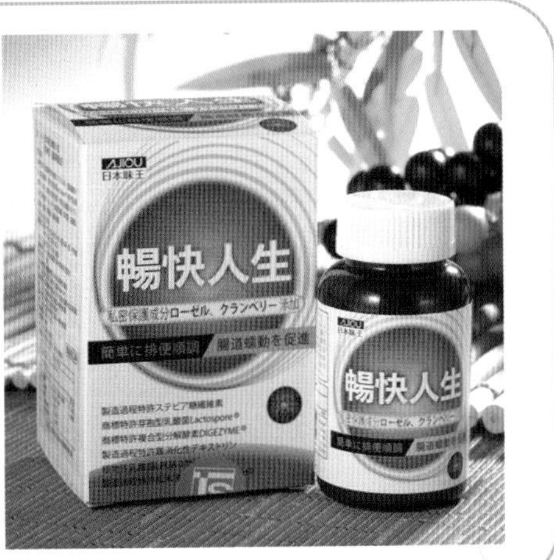

Janet 等人通过人体试验发现，苹果果胶在促进脂肪代谢，降低血液中胆固醇，高密度脂蛋白以及甘油三酯方面有着较为显著的作用。另外通过试验还发现，山梨醇在降血脂方面与苹果果胶起协同作用。Hideo 等人通过大鼠试验发现，苹果果胶能显著减少排泄物中 β-葡萄糖苷酶和色氨酸酶的水平，并且能够在早期阶段抑制结肠内 β-葡萄糖苷酶的活性，膳食中添加 20%的苹果果胶喂养的大鼠的结肠癌病发率明显低于对照组。另外，某些多糖如苹果果胶能够被肠道中的菌群利用作为丁酸盐的前体物质，因此苹果果胶摄入量的增加能间接促进肠道健康和减少结直肠癌的发生。Amit 等人通过试验发现，苹果果胶具有抑制胰酯酶的作用，因此苹果果胶具有预防肥胖的潜在功效。长期膳食纤维的摄入会改善肠道的形态学和生理学特性，能增加肠道的容积率和消化能力，Tomohiko 等人通过动物试验证明了这一点：长期摄取苹果果胶能够增强肠道对槲皮苷的吸收能力。苹果果胶除上述生物活性外，还具有排除体内某些放射性元素的特殊功效，Nesterenko 等人对受“切尔诺贝利”事件影响，体内 137Cs 含量超标的孩子做了人体试验，研究发现，在膳食中添加苹果果胶能显著降低这些孩子体内的 137Cs 水平。鉴于苹果果胶较高的保健功能，已被广泛用于食品添加剂、保健品等领域。

二、苹果多酚

苹果多酚（Apple Polyphenols，AP）是苹果在生长过程中产生的次生代谢产物，主要包括儿茶素类、原花青素类、羟基肉桂酸类、二氢查尔酮类、黄酮醇类、花色苷类等。测定多酚的化学法主要有高锰酸钾滴定法、香草醛法、Folin－酚法（包括 Folin-Denis 法和 Folin-Ciocalteus 法）和铁氰化钾分光光度法等。测定多酚的常用方法主要有紫外分光光度法、薄层色谱法和高效液相色谱法等。紫外分光光度法只能测定总酚含量，不能单独测定某种酚类物质的含量；高效液相色谱法是目前分析酚类物质的常用有效方法。

多酚的提取一般采用超声辅助或微波辅助有机溶剂进行提取，当有机溶剂和水的比例为 60:40 时，提取物有最高的总酚含量。多酚类物质是一种极性化合物，一般选用中极性和弱极性的溶剂进行提取，如甲醇、乙醇、丙酮、冰乙酸等提取溶剂，丙酮虽然提取效果较好，由于丙酮是有毒溶剂，不能直接用来生产食用级的多酚物质，目前一般采用 60%~80%乙醇进行提取。如图 8-21 所示。

多酚的分离纯化目前多采用树脂吸附的方法，由于大孔树脂的比表面积、孔径、极性不同，树脂的吸附能力也不同，多采用极性、中极性和弱极性的树脂，如：XDA-1、S-8、LSA-21、AB-8 等。随着膜技术的推广和应用，已有人提出将膜技术应用于多酚的分离、纯化和浓缩。如图 8-22 所示。

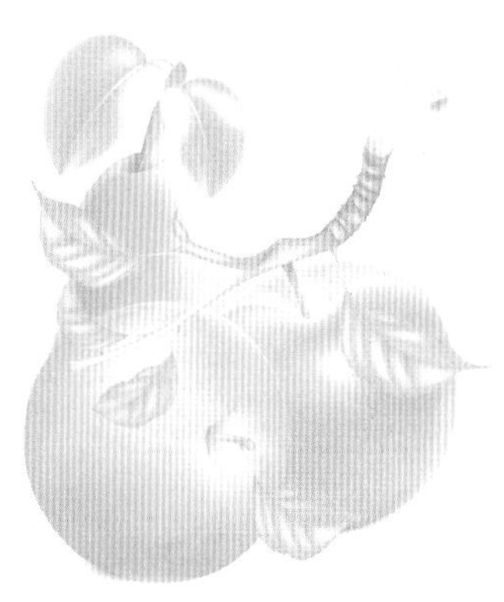

▲图 8-21 多酚生产车间

▲图 8-22 膜法新工艺的应用——多酚纯化

一般而言多酚的组分和含量会受到环境和苹果品种的影响，另外不同的成熟度、果实不同部位、储藏的条件和时间也会影响苹果多酚的含量与组分。多酚物质不稳定，在光照、高温等条件下极易发生氧化、聚合等反应，为解决这一问题，微胶囊包埋技术已有研究和应用，包埋后的多酚物质具有耐高温和耐储藏性。

常见苹果微胶囊的形貌，如图 8-23 所示。

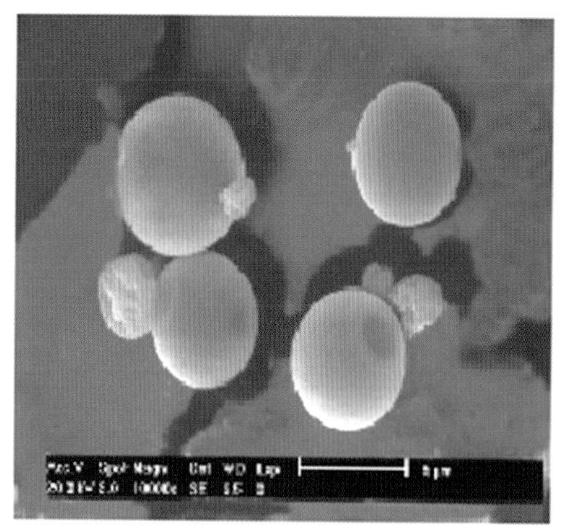
10 000 倍下微胶囊形貌图

30 000 倍下微胶囊的表层形貌

▲图 8-23　多酚微胶囊的 SME 图

由于苹果多酚具有抗氧化、抑菌、美容等多种生理功能，苹果多酚作为天然添加剂备受国际市场的青睐。苹果多酚作为食品添加剂和营养补充剂应用在食品中已很普遍，如将富含多酚类物质的苹果渣添加到蛋糕、松饼中，增加了食物的功能成分，成为一种较受欢迎的产品。此外在其他高新技术如抗菌材料、环境保护和废水处理上也已得到开发和利用。目前国际市场需求的是 75%苹果多酚和 80%苹果多酚两种。

三、苹果香精回收

香精回收系统设备由蒸馏塔、香精冷凝器、小管式冷凝器、洗涤塔、钎焊板片、气液分离器、泵阀管路系统、控制系统组成。

苹果香精常利用冷凝回收装置在真空状态下收集预浓缩的含香蒸气，进入香精蒸馏塔、冷凝塔回收而得。目前研究认为渗透蒸发法提取的苹果香精，可获得较高浓度的酯类、醛类及醇类的香气成分，并且由于渗透蒸发膜的疏水性，对酯类和醛类香精成分的富集作用比醇类更好。用渗透蒸发法会因时间过长造成香精中有机成分的损失，因此可采用增加膜面积、减少操作时间的方法来降低成分损失。另外，采用渗透蒸发浓缩香精时，还可以采用对香精成分渗透性高、损失率低的 PDMS-PVDF-PP 膜系统。

影响苹果香精提取、浓缩效果的因素有温度和环境含氧量等。在一定范围内挥发性物质浓度随温度的升高而增大，但当温度超过 32℃时浓度会下降；无氧或低含氧量条件有利于醛类和醇类物质的积累，显著增加从新鲜苹果或苹果汁中浓缩的醛类、醇类和酯类香气成分，从而提高苹果香精的产量和质量。其常见设备如图 8-24、图 8-25 所示。

▲图 8-24　苹果香精生产设备

▲图 8-25　浓缩果汁线上苹果香精回收设备

苹果香精香气成分的测定和评价可以用感官评价法(sensory evaluation)、气质联用法(GC/MS)、气相色谱嗅闻法(GC-O)等。Martin PN 等研究了顶空捕集高分辨率气质联用法(Headspace trap HRGC/MS),这种可靠简单的苹果汁香气成分全自动分析方法,测定了 85 种商业生产的苹果汁(其中 67 种是非浓缩还原汁)中的 26 种香气成分,得出感官评价仍然是评定苹果汁质量的最终可靠的方法。另外,还可以用电子鼻(Electronic nose)对香精成分进行检测,Marrazzo 等比较了电子鼻和气相色谱法在分析苹果香气和香精成分上的差异,得出结论:电子鼻能较有效地对苹果香精成分进行区分和鉴定。

苹果香精多是作为苹果浓缩汁加工过程的副产物,目前,我国浓缩汁企业天然苹果香精浓度一般在 300 倍左右,因此,提高苹果香精浓度是行业关注的主要问题之一。

此外，苹果渣作为果汁生产的废弃物，其加工再利用，如利用微生物发酵和生物转化生产天然香精也有研究。

苹果香精被广泛用于食品添加剂、化妆品等行业。如图 8-26 所示。

▲图 8-26　苹果香精化妆品和苹果精油产品

四、苹果渣饲料研究

国外对苹果渣饲料的研究起步始于 1989 年，先后利用产朊假丝酵母、曲霉、柠檬形克酵母、酿酒酵母和产蛋白酵母等接入苹果渣进行发酵，产物蛋白含量提高 2~4 倍，所有的研究均采用混合菌种发酵的方式，以得到比单菌种发酵更理想的产物。其生产线和产品见图 8-27、图 8-28。

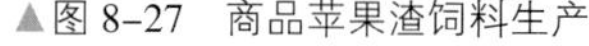

▲图 8-27　商品苹果渣饲料生产

图8-28　苹果渣饲料用于反刍动物和非反刍动物的饲喂

除了发酵苹果渣饲料外，应用苹果渣作为饲料的配料也有报道，以苹果渣添加量为39%的饲料饲喂奶牛，与不添加的对照组相比，牛乳中乳蛋白含量明显提高，乳糖含量略有降低，奶牛体重显著提高，可有效提高动物机体对蛋白质的利用率，但对乳脂肪和非脂乳固体含量影响甚微。

近十年来，国内对苹果渣饲料的研发也取得了一定的进展，在菌种选育、氮源筛选、发酵条件和工业化模拟等方面研究成果较突出，但我国在该领域的研究仍落后于发达国家，由于产品质量（色泽、外观、气味等）不甚理想，安全控制程度低，产业化进程缓慢、生产成本偏高等因素的存在，严重制约了苹果渣饲料产业的发展。今后研究的主要方向集中于苹果渣发酵饲料的安全性评价、工业化扩大生产、食用菌栽培等方面，以实现苹果产业的可持续发展。

苹果渣发酵饲料营养成分见表8–2。

表8–2　苹果渣发酵饲料营养成分指标

产品名称	粗蛋白质	总糖（以葡萄糖计）	总酸（以乳酸计）	粗纤维	粗灰分
果渣饲料	≥6%	≥8%	≥0.8%	≤25%	≤12%

苹果渣作饲料原料使用比例见表8–3。

表8–3　作饲料原料使用比例

畜禽种类	种鸡 雏鸡 种公猪	肉中大鸡 种鸭 雏鸭	哺乳母猪 保育猪 子猪	犊牛	怀孕母猪 中猪	大猪	奶牛 成牛羊
比例（%）	3～4	4	4	5～8	6～8	8～10	10～15

第九章 苹果产业化经营与产销体系发展

第一节　苹果产业化经营发展状况

我国苹果面积和产量分别占世界首位。近年来，我国苹果汁发展迅速，已成为世界第一大出口国，出口额占世界的1/4，是我国最具竞争力的农产品之一。我国苹果生产集中在渤海湾、西北黄土高原、黄河故道和西南冷凉高地等区域，拥有世界上最大最好的产区，生态条件好、品种资源多、生产成本低，国内消费和扩大出口的潜力巨大。近年来，随着我国苹果产业的快速发展和产业化经营水平的不断提高，各种模式的果农合作经济组织不断涌现。果业合作经济组织的建立与发展，对加快苹果产业化发展，提高果农的组织化程度，确保果业增收，农民增效、农村稳定发挥了重要作用。随着《农民专业合作组织法》的正式颁布实施，果农参加合作经济组织的积极性越来越高，果农合作经济组织发展也越来越成熟，出现了由松散型向紧密型发展，由技术服务型向专业实体型发展的趋势，同时，各地根据当地资源优势，结合果树产业发展与市场需要，也逐步发展形成了多种类型果业合作经济组织模式，有力地推动了苹果产业化经营发展水平。

一、“专业技术协会+农户”模式

这种模式主要是由从事专业生产的果农或基层专业技术人员，在技术服务、生产、销售等环节上联合起来而建立的民间社会团体。围绕苹果产业进行购销、技术服务，不以盈利为目的，合作社会员之间没有产权关系，内部利益关系较为松散。这类组织一般由当地农村能人或基层农业技术部门人员牵头举办，主要依托当地科技、人力等方面资源优势，重点为果农提供各种信息咨询、引进推广先进适用果业技术，开展技术培训服务与指导工作，促进果业增收增效。

【案例 1】

陕西省西安果友协会成立于 2004 年 11 月。总部设在西安市灞桥区洪庆工业园区。协会目前拥有会员 3 万多人，基本形成了以陕西为主，涉及甘肃、山西、河南、河北等五省苹果产区的服务体系，有加盟果友协会 20 家、基层工作站 300 多个、果业专业合作社 217 个，管理层与技术人员队伍中有研究员 1 名、副教授 1 名、硕士 1 名、本科 2 名、大专 6 名。协会成立以来，先后成功举办了 40 多期果树综合管理技术培训班，培训果农3 000 余人次，合作社发起培训 175 人，理事长培训 64 人，其中有 416 人获得农民职称证书。通过国家主管部门考核，167 人获经纪人证书。开通了中国果业协会网，开

展免费咨询服务，出版《陕西果业》。协会选拔培养农民身份的技术指导老师32名，长年在基层工作站为果农服务，建立高标准果树示范园347个，在当地均产生了良好的经济社会效应。果友协会还和陕、甘、晋、冀、豫五省20家农资经销商建立了农资推广联盟。协会通过实施项目与科研单位专家建立长期稳定关系，为开展技术培训与推广服务获得了持续新技术来源，既解决了农民对新技术的需求问题，又解决了科研单位科研与生产相结合的问题，有力促进了科技、推广与生产的有机结合。通过政府各类项目的扶持，建设一批仓储、冷库等基础设施建设，开展示范果园建设，扩大了技术推广的辐射面与辐射效果。探索建立的西安果友协会—各地果友协会—基层工作站—果农合作社/会员技术推广链，有效解决农业技术推广服务的最后一公里问题，培养了一支留得住、用得上、不离乡土的农民专家队伍，为长期开展基层农民技术培训与推广服务打下了基础。协会建立的"联系商家、结盟厂家、服务农家"模式，既使协会有了收入来源，确保协会正常运转，又能够无偿为会员提供科技培训与推广等各方面服务，同时通过招标方式确定优秀农资企业，邀经销商加盟等方式也保证了农资的质量，保护了农民的权益。

【案例2】

天水果友协会始建于2004年12月，是由个人出资创办的民营服务型专业协会。协会依托西北农林科技大学与国家苹果产业体系的技术优势，以技物结合，服务果农为基础，振兴"花牛"苹果为己任，果农致富为目的。通过先进果树综合管理技术的推广、示范带动与产前、产中、产后、产闲的配套服务相结合，聘请专家、联合厂家、结盟商家、组织农家，培养当地致富能手，政府搭台、专家唱戏、果农受益。

协会自创建以来，先后在麦积区、秦州区、秦安县、清水县、甘谷县、礼县和庄浪县部分果树生产重点乡、村建立天水协会工作站85个，发展会员4 000余人，大家接受统一的果树管理技术服务，共同采购农资，拧成一股绳，共闯市场。各工作站均建有"四位一体"生态、优质、低耗、高效的示范园、指导园。

与此同时，开展"有文化、有技术、会管理"新型农民培训，聘请国内果树知名专家，办培训班240期，培训26 000余人，其中有75名优秀果农获得国家杨凌示范区农民技术高中级职称任职资格，选派240名果农到西安果友协会培训学习，以成为当地果树能人和致富带头人，带动影响果农万余人，通过新技术的应用，会员户果品每667m^{2}增收均在3 000元以上，产生了巨大的社会效益和可观的经济效益。

为统一技术规范，协会技术部与国内知名专家，在应用推广新技术的前提下，结合本地的先进经验，编制了《精品无公害花牛苹果管理方案》，并制作了技术光盘。开通了手机短信服务平台，随时解答果农的问题。

"培养优秀的管理人才，推广优秀的生产技术，提供优质的农资服务，创建优异的销售网络"是协会努力的方向，富百万果农是协会奋斗的目标，愿为"花牛"果业的腾飞多作贡献。

二、"龙头企业+果业协会/合作社+果农"模式

龙头企业带动型是以果业流通企业或果品加工企业为龙头，通过合同契约、专业合作或股份合作制等多种利益联结机制，带动农户从事专业化和标准化生产发展，将生产、加工、销售有机结合，实行一体化经营。龙头企业带动型是农业产业化经营中最常见的组织形式。龙头企业有的依托合作社与果农联结起来，有的通过专业协会或中介组织联结果农，因此，可衍生出多种组织形式。

【案例3】

陕西洛川县为加快苹果专业县的建设，确立了以建设苹果专业县统揽经济工作全局的产业开发的整体战略，成立了县苹果集团公司，该公司系由县产业局翻牌而成，一套班子、两块牌子，从而搭建了洛川贸工农一体化的龙头企业。

县苹果集团公司本部为苹果开发总公司，它的主要资产是气调库、果袋加工厂、果园和宾馆，主要职责是负责全县果农产前产后的生产销售服务，包括产前赊销化肥等生产资料，产后与各果农协会签订销售合同、收购苹果上市或进行季节存储。为推动销售，县苹果集团将产业局所属全县16个乡镇的苹果产业管理服务站翻牌，建成乡镇一级的苹果销售公司，并负责指导由县政府的79个部门按照目标责任制承包到村的41个销售公司。洛川县政府不仅举全县之力构建龙头企业，而且大力开发市场，组建了苹果交易批发市场、苹果交易仲裁委员会和苹果交易信息服务中心。2001年，还建成了一厅式办公的苹果交易信息平台，将各地的苹果交易信息以大屏幕展示出来。苹果交易仲裁委员会由县工商局主管，县法院、植保站、苹果检疫站、苹果产业局，以及公安、技术监督局和工商局共同参与，专门解决交易过程中的各种纷争和矛盾。

【案例4】

运城市中农乐果业专业合作联合社于2011年2月正式成立。它是由运城市中农乐农业开发有限公司、中农乐果业合作社等十数家果业专业合作社联合成立的农民专业合作联合社。该联合社依托北京中农乐果树新技术研究所，聘请全国著名的果树专家，专门帮助果农成立果协或农民专业合作社，开展技术培训与指导，发放各种技术资料，供应农资。中农乐的服务范围涉及全国20多个省，仅在山西运城、河南三门峡和陕西渭南等地果协就有1 064个、专业合作社167个，服务涵盖的果农超过10万户，直接建有档案能跟踪服务到位的果农将近6万户。中农乐近七年来，授课19 600场次，指导22 000人次，建设示范园862个。通过全面整合技术资源、品牌资源、服务资源，为农民增产增收作出较大的贡献。分别于2009年、2011年荣获"中国食品安全示范单位"称号。

三、"企业+协会+基地"模式

企业与有一定资质的果农协会合作，或者企业本身下设联合会，然后由协会联系果农，建立基地，统一提供物资供应，统一实施技术管理，产品由企业收购，价格略高于市

场价格。既为果农提供了服务，增加了果农的收入，又保证了企业的原料收购数量与质量。

【案例5】

陕西白水宏达果业有限公司创建于1993年，主管苹果储藏销售，兼营果品包装、果实袋生产等。公司下设“一司两库两厂一会”六个独立性实体：果品营销公司巨资引进法迈夫先进设备，提升了果品质量，使年出口内销苹果、酥梨超过20 000t。果品冷库两座，均采用国内一流的设施和自动化监控系统，储藏能力达20 000t。包装材料厂拥有五层纸箱生产线和先进的印刷设备，年生产能力500万m^2，质量达省优。果实制袋厂年生产能力2亿枚，覆盖秦、甘、晋、豫等水果主产区，被省技术监督部门评定为优质产品。该公司年经销苹果1 000多万kg，产值4 000多万元，基地现有技术、信息、收购网点180多个，并在南方发达城市设立白水苹果直销窗口，果品畅销全国20多个省、市。公司基地成立了宏达产销联合会，下设6个分会，在苹果生产中向广大果农提供无公害生产技术、农药、果袋等生产资料，联结农户2.6万户，每年为农民增收1 200万元。实施标准化基地建设2 000hm^2，真正实现了“公司＋协会＋基地”的产业化模式。

四、“果业商会 / 果业协会+农户”模式

这类合作经济组织主要以组织开展果品营销为主。通过果品收购与外销，带动果业发展，增加果农收入。协会或商会重点是考察市场行情，联系客商，在各大城市设立直销窗口，签订订单，组织协会或商会成员统一收购、统一销售，以销售促进生产，改善品质，增加会员收入。

【案例6】

礼泉果业商会，有100多人。主要从事国外果商与陕西客户间交易，年销售量占全县产量1/3以上，年创外汇300多万美元。销售区域最北边通过满洲里边贸，一直纵深到俄罗斯境内4 000km的新西伯利亚；西边销到哈萨克斯坦和吉尔吉斯斯坦；南边通过昆明，销到缅甸、泰国。礼泉苹果通过这支商会销售队伍，还销售到海参崴、加德满都、河内和新加坡。商会遵照民办、民管、民受益原则，有章程和严格的规程。商会内部会员门类齐全，有负责生产技术指导的，有负责销售苹果的，还有负责包装、运输的。其中负责销售的就有80户，运输的5户，拥有大型车辆近300辆。会员享受一条龙服务，分享市场信息、销售网络，降低了商会会员的果品交易成本。此外，商会内部规定，除自己的标志品牌外，商会统一包装箱，统一规格款式，外文统一印制，确保了果品质量安全，增加了品牌意识。

第二节 苹果产销体系发展

一、苹果产销经营发展概况

1988年，农业部会同其他部委启动“菜篮子工程”建设，要求在各大中城市，建立副食品批发市场，实现多渠道经营。1990~1991年国务院先后下发了《关于进一步做好城市副食品工作的通知》和《关于进一步搞活农产品流通的通知》，进一步改革与完善农副产品流通体制，发展批发市场、建设流通设施、培育市场流通主体。在这些政策的引导下，大中城市逐步建立起各类综合性、专业性果品批发市场。通过提供交易场所，组织产销双方直接见面成交，同时进行代购代销，提供信息、结算、储运、生活服务等项目。经过几年的发展，果品批发市场的数量、经营范围、规模、经营设施、经营形式都有很大的变化和改善。第四阶段是紧紧围绕“菜篮子工程”建设不断改革与完善果品流通体制。1993年底，由于农副产品大幅度涨价，政府决定加快建设和完善“菜篮子工程”。1994年国务院下发了《关于加强“菜篮子”和粮棉油工作的通知》，提出在大力发展生产基础上，建立商品大流通的格局，搞活流通，形成总量平衡、物流畅通、经营灵活的新机制。1997年国务院又下发了《关于进一步加强“菜篮子”工作的通知》，提出要加大“菜篮子”产销体制改革力度，逐步建立新“菜篮子”流通体系。通过发展贸工农、产加销一体化经营，解决小生产与大市场之间的矛盾，增强抵御自然与市场风险的能力。随后农业部于1995年公布了全国23家首批定点鲜活农产品中心批发市场。同年，农业部实施了大中城市“菜篮子”产品批发市场价格信息联网。1996年，“菜篮子”批发市场体系建设试点工作开始启动。经过多年建设，全国已初步形成了以中心批发市场为核心，连接生产基地和零售市场的稳定的新型苹果流通体系。

二、主要经销模式

目前我国苹果主要通过城乡集贸市场、批发市场、产销一体化企业和各种果业协会等渠道由生产者到消费者手中，特别是近年来，农超对接作为新型的流通业态，得到快速发展，已经成为苹果产销体系中重要的经销模式之一。

（一）城乡集贸市场

我国苹果消费主要以居民直接购买鲜果或加工果为主。20世纪90年代以后，这种交易行为大多是在城乡集贸市场上完成。城乡集贸市场以零售为主，其经营的苹果一部

分来自果农、一部分来自农村经纪人，还有一部分来自批发市场。城乡集贸市场目前仍然是苹果流通的主要渠道之一。

（二）批发市场

一般来讲，批发市场具有比零售市场更广的辐射功能，它可以吸引和汇集较大区域的生产者和产品。另外，批发市场交易较集中，众多的经营主体进入市场交易，必然产生产品质量和价格的竞争，有利于市场价格趋近于均衡价格，真实地反映市场供求关系，起到调节供求的作用。随着鲜活农产品流通体制的不断完善，我国建设了一大批全国性、高层次的农副产品批发市场。这些批发市场促进了全国统一市场的形成和与国内外市场的接轨，在苹果大流通格局中发挥了重要作用，是我国苹果流通的重要渠道。

（三）产销一体化

产销一体化形式是随着苹果产量的增加和加工业的发展而出现的。苹果产量增加后，由于其鲜活性和易腐性，销售成为一个突出问题，如何联结小生产与大市场成为苹果产销体系发展的核心问题。在这种形式下，很多果品公司应运而生。这些公司或者龙头企业通过签订合同将果农和公司联系起来。签订了合同的农民根据龙头企业的标准负责苹果生产，公司或龙头企业除了提供上门收购、负责销售服务外，还部分参与生产过程，包括果农栽培技术培训、农药施用、采摘与保鲜技术等各种产中、产后技术指导。另外，随着苹果加工业的发展，对数量稳定且质量较高的原材料需求增加，考虑苹果易腐的自然特性，促使苹果加工企业向前延伸，发展产销一体化。目前已经形成了一批苹果生产、销售、加工龙头企业，在苹果产业发展中发挥了重要作用。产销一体化的形式，部分解决了生产者的销售问题，但目前尚未成熟，主要有两个原因：一是有实力的大果品公司和企业较少，满足不了广大果农的需求。二是果农和公司没有形成紧密的利益联结关系，一旦市场价格变化，很容易出现违约现象，影响了产销一体化的发展。

从目前来看，产销一体化在苹果销售总量中所占比例还比较小。但是从我国产业化水平不断提高、市场体系不断完善和市场主体不断成熟的趋势判断，产销一体化的形式将会成为我国苹果销售的主要方式之一。

（四）专业协会形式

随着苹果产量的增加和生产地域集中度的提高，各种果业协会开始出现。这些协会不仅为果农提供各种产前、产中技术指导、技术培训，还负责产后销售。如山东省日照市供销社，组织了果业合作社（协会），与农民建立了稳定的产销关系，使80%的苹果通过供销社上市。此外，众多苹果协会还在开拓市场、协调价格、行业自律、应对各种技术壁垒和反倾销、保护果农利益方面起到了积极作用。目前通过苹果协会销售已经成为苹果流通的渠道之一。

（五）农超对接

农超对接，指的是果农和商家签订意向性协议书，由果农向超市、菜市场和便民店直供果品的新型流通方式，主要是为优质果品进入超市搭建平台。“农超对接”的本质是将现代流通方式引向广阔农村，将千家万户的小生产与千变万化的大市场对接起来，

构建市场经济条件下的产销一体化链条，实现商家、农民、消费者共赢。2008 年中央 1 号文件和十七届三中全会均提出要积极发展农产品现代流通方式，推进鲜活农产品“超市+基地”的流通模式，引导大型连锁超市直接与鲜活农产品产地的农民专业合作社产销对接。随后，商务部、农业部联合下发了《关于开展农超对接试点工作的通知》，对“农超对接”试点工作进行部署。2011 年“两会”期间，商务部、农业部联合印发《商务部 农业部关于全面推进农超对接工作的指导意见》，部署 2011 年农超对接工作。重点抓好农超对接三大主要任务：一是积极搭建对接平台，畅通农超对接渠道。通过组织开展农超对接推广活动，如洽谈会、展销会等形式，创造供需双方见面和沟通的机会；加强农超对接信息化建设，鼓励通过农超对接信息系统发布供求信息，开展网上签约和交易试点。二是培育对接主体，提升农超对接水平。加强对连锁经营企业的培训和指导，帮助建立现代经营管理制度；加强对农民专业合作社的指导和扶持，形成规模效益；开设农超对接培训班，为超市和合作社人员提供专业知识和技术培训。三是加强指导监督，规范农超对接行为。降低合作社鲜活农产品进入超市的门槛，鼓励对接双方建立长期对接合同；推进农产品标准化生产和流通，支持品牌建设，实现质量可追溯。

第三节　促进苹果产业化经营的主要政策

一、加快果业合作经济组织发展步伐，提高农业组织化程度

引导和鼓励龙头企业向优势区域内集聚，通过“公司+合作组织+农户”、“公司+基地+农户”、“订单农业”等模式，与农民结成更紧密的利益共同体，让农民更多地分享果业产业化经营成果。扶持发展以果业专业合作组织为主体的互助服务，积极倡导以社会化中介组织为主体的市场服务。认真贯彻落实《农民专业合作社法》，制定财政扶持政策，在苹果优势区域，重点鼓励、引导和支持一批农民专业合作组织发展，激发农民发展优势产业的积极性和创造力。支持农民专业合作组织承担国家有关涉农项目，鼓励其兴办农产品加工业或参股龙头企业。积极发展果业生产经营性服务组织，为农民提供良种良法、科学管理、仓储运输等专业化服务，不断提高农业的组织化程度和产业化水平。

二、加大市场和信息体系建设力度，促进优势区域果品产销连接

健全果品流通市场和服务体系，支持苹果优势区域实施果品批发市场升级改造等工程，提升市场产品集散能力。加快建设果品冷藏保鲜大型与小型设施，提高优势果品的市场均衡供应能力。大力培养产品市场经营主体，鼓励农民创办运销组织，发展民间经纪人队伍，扶持壮大各类果品营销龙头企业。加强现代物流体系建设，大力发展订单农业、网上销售、直销配送等新型营销模式，完善和落实好鲜活农产品运输绿色通道政策。鼓励各类优势果品品牌参加国内外的展览展示和评选活动，扩大宣传范围，营造良好的品牌发展氛围，逐步形成培育品牌、促进品牌的良性循环。此外，我国目前已经成为世界第一大苹果出口国，国际市场对于国内苹果产业的影响日益增大。建立与完善市场监测和预警机制，对苹果产业的健康稳定发展具有重要意义。

三、强化强农惠农政策体系，加大苹果产业扶持力度

进一步完善对苹果生产的各类补贴政策，地方政府也要根据当地实际情况，确定地方性补贴品种，增加补贴额度。巩固完善农民收入补贴政策，加大技术应用补贴和生产性服务补贴力度。切实增加农业投资总量，各级财政要加大对苹果优势区域建设的扶持力度，重点加强基础设施建设和社会事业发展。研究和制定扶持苹果产业发展

的信贷政策，加大对苹果优势区域农民专业合作组织及农户等经营主体生产性贷款的金融扶持力度;鼓励有条件的地方,建立担保基金、担保公司,为苹果优势区域龙头企业融资提供服务;鼓励有条件的龙头企业上市或向社会发行企业债券,募集发展资金;鼓励各类市场主体参与苹果优势区域农业基础设施建设,逐步建立起多元化、多渠道的投融资机制,打造各类生产要素集聚平台,形成全社会各行业共同推进苹果产业发展的格局。